# 神奇的数学故事

孙　剑
孙铭蔓◎编著

长江出版传媒 | 长江文艺出版社

**图书在版编目（CIP）数据**

神奇的数学故事 / 孙剑，孙铭蔓编著. -- 武汉 ：
长江文艺出版社，2024. 9. --（百读不厌的经典故事）.
ISBN 978-7-5702-3705-0

Ⅰ. 01-49

中国国家版本馆 CIP 数据核字第 2024BK8033 号

神奇的数学故事
SHENQI DE SHUXUE GUSHI

---

责任编辑：雷　蕾　　　　责任校对：毛季慧
封面设计：颜森设计　　　　责任印制：邱　莉　胡丽平

---

出版：长江出版传媒 | 长江文艺出版社
地址：武汉市雄楚大街 268 号　　　邮编：430070
发行：长江文艺出版社
http://www.cjlap.com
印刷：武汉科源印刷设计有限公司

---

开本：720 毫米×1000 毫米　1/16　　印张：9.25　　插页：1 页
版次：2024 年 9 月第 1 版　　　2024 年 9 月第 1 次印刷
字数：97 千字

---

定价：25.00 元

---

# 前 言

数学是一种文化、一种“思想的体操”，是现代科技文化的核心、一切高科技的基石；数学也是科技创新的一种最基础的资源，一种普遍适用的并赋予人以能力的技术。数学实力往往影响着国家实力，世界强国必然是数学强国。然而，很多人对数学产生了诸多误解，认为数学很深奥、很抽象、很枯燥，因此不愿意学习、不愿意了解，更不乐意去研究了！

基于以上人们存在的普遍思想，我思考了很长一段时间，既然数学对一个国家、一个民族这么重要，我们能不能让更多的人了解数学、认识数学、掌握数学、运用数学，以至于研究数学呢？

于是，我想通过这本书，让更多的人深入了解数学的发展历程，重新认识数学在人类历史中的魅力；让大多数人感觉数学是有用的、简单的、很有乐趣又很严谨的一门科学。我希望借此不但能激发大家学习数学的兴趣、点燃了解和掌握数学的热情，还能引导大家形成一种探索与研究的习惯、形成正确的思维习惯。在美妙的阅读体验中，读者得以领悟数学的数之美、式之美、理之美、形之美；在感叹和欣赏几何图形的对称美、非欧几何的奇异美的同时，亦能提升数学素养和能力。

我们除了了解定理、公式和例题，更应该了解这些定理是如何被发现的，从而利用数学创造更多科学发明。其实，在数学发展过程中，有很多感人的事迹，我们不得不佩服一些数学家为了追求真理甚至献出了宝贵的生命。特别是他们那种为了发现数学规律，孜孜不倦、始终不移地坚持克难攻关，不达目的誓不罢休的执着精神，更是我们学习的榜样！

这本书讲述了数学在人类历史长河中是如何发现的，有什么样的曲折故事，剖析了数学与文化之间的互动关系，用大量通俗的数学故事反映了数学的文化内涵。

这本书力争图文并茂，把更多的数学家肖像展现在读者面前，加深读者对顶尖数学家的印象。同时，深入浅出的剖析、绘声绘色的描述、寻幽探微的叙述、诙谐机智的手法、恰到好处的引用，将深奥变得浅显、将平淡变得有趣、将枯燥乏味变得鲜活灵动，读后有“仰之弥高，钻之弥坚”的体会。

数学是人们生活、劳动和学习必不可少的工具，义务教育阶段的数学课程标准也明确指出：“数学应面向全体学生，使人人学有价值的数学，人人都获得必需的数学，不同的人在数学上得到不同的发展。”我们都知道，数学与生活有着密切的联系，数学来源于生活，现实生活是数学学习的基础，而数学则是对生活现象、关系、规律的提炼、升华。学习过程往往是一个经验被激活、利用、调整、积累、提升的过程，是自己对生活中的数学现象的解读，是建立在经验基础之上的一个主动建构的过程。在生活中有意或无意间所接触、所感受的数学事实，无不是我们数学学习的基础和重要资源，并深刻地影响着我们数学学习的质量和水平。既然数学与生活有着千丝万缕的联系，那么，我们应努力挖掘数学知识的生活背景，创设一定的生活情境，从中发现数学，从而产生探究问题、解决问题的强烈愿望。

对于我们个人而言，学好数学的真正效果将体现在将来自身的脑力思维上。学数学也是一个由简单至复杂的思维锻炼过程，数学好的人往往能在很多事情上思路清晰、逻辑连贯，主观能动性上更胜一筹。因此，认真学习数学，受益无穷。

AI导读名师

阅读知识角

能力测评室

伴学有声书

“码”上阅读

# 目　录


**第一章　数学发展历程　1**

第一节　自然数，自然而然发现的数　1

第二节　分数的产生　8

第三节　零的起源，伟大的发现　11

第四节　无理数，无法理解的数　14

第五节　负数的出现　17

第六节　质数，数学最基本的元素　22

第七节　虚数不虚　27

第八节　π的故事　32

第九节　发现对数　37

第十节　数学符号的历史　42

第十一节　计算机的发展和分类　53

第十二节　世界上最伟大的九个公式　67

第十三节　非欧几何三个创始人的故事　74

**第二章　数学四个阶段　79**

第一节　初等数学时期（远古至1650年）　80

第 二 节　变量数学时期（1650 年至 1820 年）　96

第 三 节　近代数学时期（1820 年至 1945 年）　102

第 四 节　现代数学时期（1945 年至今）　106

**第 三 章　数学三次危机　111**

第 一 节　第一次数学危机　111

第 二 节　第二次数学危机　115

第 三 节　第三次数学危机　119

**第 四 章　世纪难题　123**

第 一 节　希尔伯特的 23 个问题　123

第 二 节　世界七大数学难题　131

**参考文献　141**

# 第一章　数学发展历程

导读：数是人类日常生活中不可缺少的内容，是我们表示数量关系的尺度。从远古时期结绳、刻痕的记数方式到近现代四元数的产生，数的起源和发展经历了漫长而复杂的历史进程，可以说它已成为人类文明的一个重要组成部分。

## 第一节　自然数，自然而然发现的数

我是自然数 1，2，3……，人们是怎么发现我这个大家族的呢？

早在远古时代，人类就已具备了识别事物多少的能力。逐渐地，这种原始的“数觉”经过漫长的历史演进，发展并形成了“数”的概念。早期人类在对事物数量共性的认识与提炼中，获得了数的概念，从而播下了人类文明史上的数学火种。这一过程大约发生于30万年以前，可能与早期人类对火的认识与使用一样悠久而漫长。自然数的出现对于人类文明的意义绝不亚于火的使用。

当对“数”的认识变得越来越明确时，人们开始对其表达萌生了一种冲动，于是就有了记数（实物记数、书写记数）的产生。

人是比较聪明的，最早比较成功的计数方式来自最方便的实物工具，那就是人类自己的手指。这样自然数就自然而然地诞生了。自然而然发现的数，人们开始叫作自然数。一只手上的五个指头可以被现成地用来表示五个以内事物的集合。两只手上的指头合在一起，不超过10个元素的集合就有办法表示。就像今天我们3岁小朋友开始数数那样，掰起小指头才能数清十个以内的数字。

当十指不够用时，人们又想到了用实物来表示，随处可见的石子便成了当然的替代与补充。但记数的石子堆，很难长久保存信息，于是又有了结绳记数和书契（qì）记数。

结绳记数是我国原始公社时期的一种计量方法，是原始公社时期社会生产力发展到一定程度，由于社会生活的实际需要而产生的。《周易·系辞下》：“上古结绳而治。”传说结绳记数始于伏羲时代。西汉时曾经出现伏羲与女娲结绳的画像；在东汉武梁祠的浮雕上还刻有“伏羲仓精，初造王业，画卦结绳，以理海内”的铭文。这些都能证明我（自然数）出现的影子。

原始公社时期，代结绳记事而起的一种比较进步的计量方法是书契记数。《周易·系辞下》：“上古结绳而治，后世圣人易之以书契。”“书”

指文字，刻字在竹、木或龟甲、兽骨上以记数，称为“书契”。这样就更加进一步确定我（自然数）的存在。

结绳、刻痕之法持续了有数万年之久，才迎来书写记数的诞生。书写形式能够让更多的人认识我、记住我，社会发展又向前推进了一步。

距今5000年左右，人类历史上开始先后出现一些不同的书写记数方法（数字产生）。随之逐步形成各种较为成熟的记数系统。如古埃及的象形数字（公元前3400年左右）、古巴比伦的楔（xiē）形数字（公元前2400年左右）、中国的甲骨文数字（公元前1600年左右）以及美洲的玛雅数字（公元前1000年左右）。到公元前500年左右，人类关于书写记数的方法已经发展得相当完善，如古希腊数字、古罗马数字、中国的算筹数码。

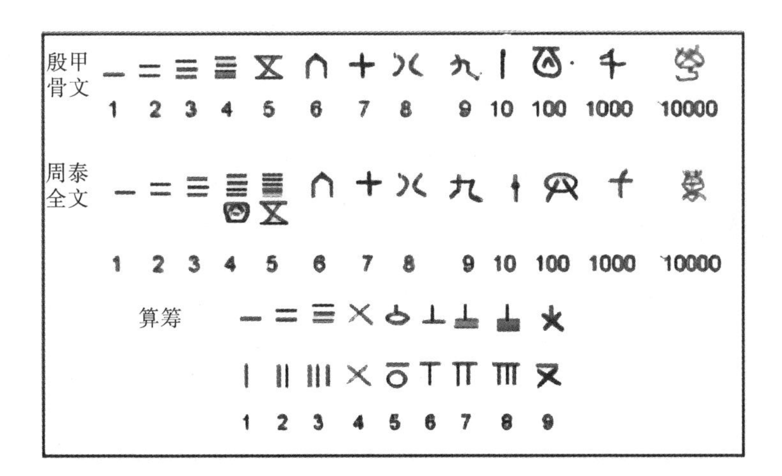


在这些记数系统中，除了古巴比伦楔形数字采用六十进制、玛雅数字采用二十进制外，其他均属十进制数系。由中国人首创的十进位值制记数法，对人类文明是一项特殊贡献。记数系统的出现使数与数之间的书写运算成为可能，在此基础上，初等算术便在几个古老的文明地区发展起来。

旧石器时代早期的人类尚未完成由古猿到人的转变，因此谈不上数的观念。要追溯数的起源，必须从旧石器时代晚期二元对立观念的产生说起。在对立统一规律中，一方相对于另一方而存在。数字中的 1 和 2 的关系也是如此，它们共存共亡，共生共灭。1 和 2 是同时起源的，并且这一组对立形成之后，按一分为二对立原则不断扩大使用。也就是说，人脑思维的对立运动首先萌生了 1 和 2 这样两个基本的数的概念，然后才有可能发展和扩大，去滋生更多的数。从这个意义上说，数起源于二元对立的出现，二元对立观念是数的起源史上第一个里程碑。然而，此时人们远未产生纯粹的数的概念。

到了新石器时代早中期，数的观念在继承旧石器时代的二元对立观念的同时，朝着抽象化的方向迈进了一大步。在这个时期，彩陶纹饰和神话是重要的符号形式，数的观念也在其中得到体现。从总体上看，此时数的抽象化程度仍未达到消除在系统整体中位置相同的一切事物和现象差异的高度。随着社会的发展，中期仰韶文化的庙底沟类型彩陶纹饰对于从具象化到抽象化发展数的观念迈出了决定性的一步，使数具备了符号的抽象化本质。符号的抽象化在数的产生中完成了重要一步，但其还未决定数的观念的最后产生。人们只有将开头不自觉的、无意识的“偶然的并列”转化为自觉的、有意识的排列，才能正式产生数列的观念。

因此，在古代的新、旧石器时代，数的起源历史经过了三个发展阶段，即从具象走向抽象，再从抽象走向序列。在“具象—抽象—序列”

的发展过程中，数的观念的形成历史皆是通过艺术符号表达出来的。也就是说，数的发展还有待于外化为固定的符号表达方式——这就是数的观念起源历史的最后一步，它是伴随文字产生的。许多数学史书中均指出，在文字产生之前，人类已形成数的概念，并开始记载数目，但此时的数并非抽象的数。从所属关系上来讲，数字是字，属于文字，是随着文字产生而形成的。

数的符号表达从现有文字材料看，可知世界上较早的几个文明国家或地区在公元前就有了比较完整的文字体系，相应地也有了文字记数符号，即数字。例如公元前 3400 年左右的古埃及象形数字，公元前 2400 年左右的古巴比伦楔形数字，公元前 1600 年左右的中国甲骨文数字，公元前 500 年左右的古希腊阿提卡数字，公元前 500 年左右的中国筹算数码，公元前 300 年左右的印度婆罗门数字以及年代不详的玛雅数字等。与此同时，随着数的概念的发展，数的记载和运算仅仅靠数字已比较烦琐，所以逐渐出现了一些特殊的记数符号，形成数码。如古希腊的阿提卡数码和字母记数、罗马数码、中国的筹算记数与暗码、玛雅人的符号记数、印度—阿拉伯数码等。

人们最初记数时并没有进位制，结绳或书契记数时，有多大的数目就结多少个绳结或刻多少道痕迹。随着文明的进步，人们需要记载的数目越来越大。为了更简明地去记数，就产生了进位制。进位的方法是造新的数目符号代替原来同样大的数。数字的进位表示方法主要有三种：简单累数制、逐级命数制、乘法累数制。考古学家提供的证据表明，人类在 5 万年前就采用了一些记数方法，最早采用的进位制有二进制、三进制、五进制、十进制、二十进制、六十进制等。

最初，人们为了实际的需要不断地推动数学的发展，而如今，数学的发展已经远远超越了人们在实际生活中对其的需要。这是所有人类都应该感到自豪的事情。

比如，当我们轻轻松松地写下一连串阿拉伯数字的时候，那是一段长达数千年的，从美索不达米亚和古巴比伦人的 60 进制到玛雅人的 20 进制、再到古印度人的 10 进制的发展历史——而后者最终漂洋过海被阿拉伯人带入了欧洲，进而推广到了全世界。

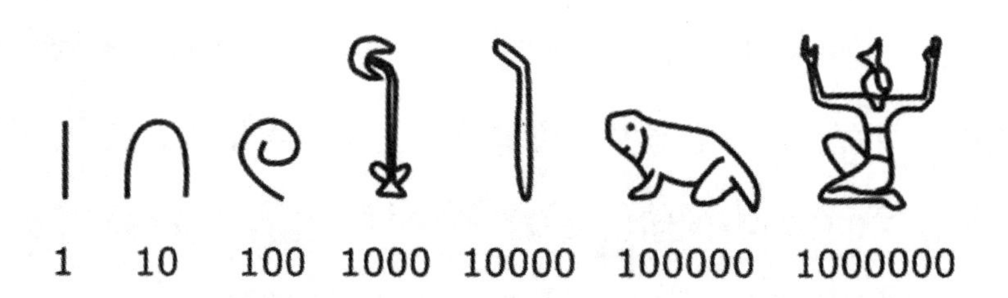


埃及文明的记数十进制系统

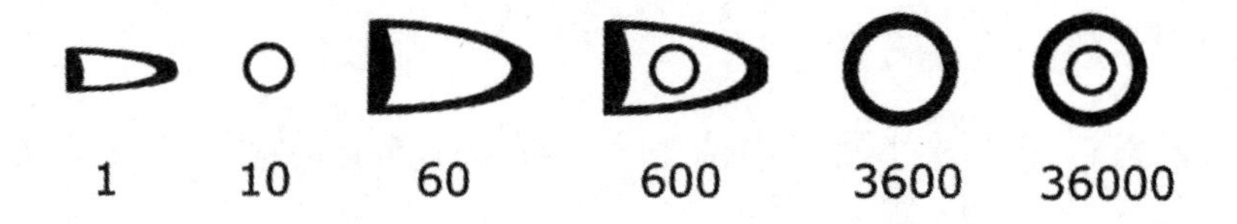


美索不达米亚人的记数六十进制系统

楔形文字发明之后的数学符号

自然数是算术学科发展的基石，继而影响到整个数学的发展。算术知识的各种读本都有数字，账单、票据等商业用品中也有许多数目符号。在数学发展的萌芽时期与初等数学时期，算术、代数、三角及天文学、物理学都遇到了大量的数目计算问题。计算方法的优劣直接关系到诸学科的发展水平，而数的计算与数的表示方法密切相关。因此，记数方法在一定程度上也表明了一个国家或地区的数学发展水平。

# 第二节　分数的产生

我是分数，人们在日常生活中需要进行份额分配，就促成了我（分数）的产生。

分数单位：把单位“1”平均分成若干份，表示其中的一份或几份的数叫分数。表示这样的一份的数叫分数单位定义。

用分数表示下面每个图里的涂色部分：

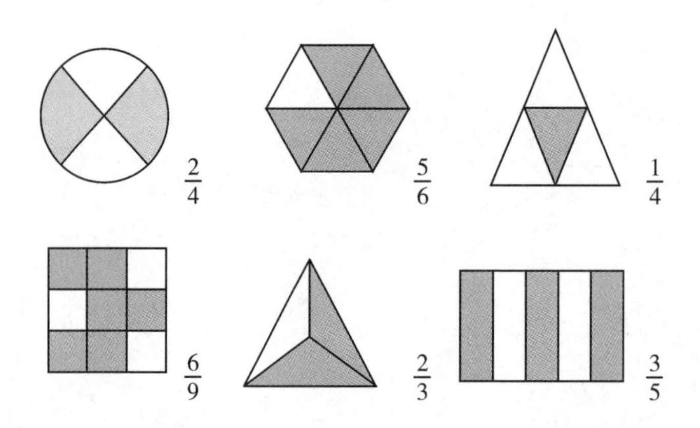


分数在我国很早就有了；最初分数的表现形式跟现在不一样。后来，印度出现了和我国相似的分数表示法。再往后，阿拉伯人发明了分数线，分数的表示法就成为现在这样了。人类历史上最早产生的数是自然数（正整数），后来在度量和均分时往往不能正好得到整数的结果，这样就自然地产生了我——分数。

分数一般包括真分数、假分数、带分数。真分数小于1；假分数大于1，或者等于1；带分数大于1而又是最简分数。带分数是由一个整数和一个真分数组成的。

我的注意：①分母中不能有0，否则无意义。②分数中不能出现无理数（如2的平方根），否则就不是分数。③判断一个分数是否能变成有限小数，先要看它是不是最简分数；如果分母是2或5的倍数（不含其他任何数），就能变成有限小数。

在历史上，分数几乎与自然数一样古老。早在人类文化发展的初期，由于进行测量和均分的需要，人们引入并使用了分数。

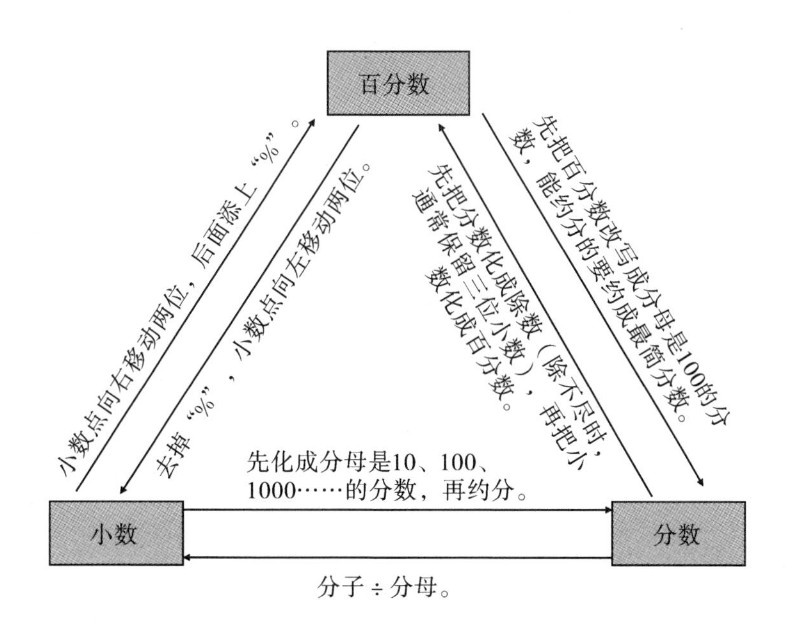


许多民族的古代文献中都有关于分数的记载和各种不同的分数制度。早在公元前2100多年，古巴比伦（现处伊拉克一带）人就使用了分母是60的分数。公元前1850年左右的埃及算学文献中，也使用了分数。我国春秋时代（公元前770年~前476年）的《左传》中，规定了诸侯的都城大小：最大不可超过周文王国都的三分之一，中等的不可超过五分之一，小的不可超过九分之一。秦始皇时代的历法规定：一年的天数为三百六十五又四分之一。这说明分数的产生经历了一个漫长的过程。开始人们只使用简单的分数，如一半、一半的一半等，后来才逐渐出现了三分之一、三分之二等简单的分数。

大约在2000年前，古希腊人已经开始用分子和分母表示分数。分数在我国很早就有了，它是在用算筹做除法运算的基础上产生的。除不尽时，把余数作为分子，除数作为分母，就产生了一个分子在上、分母在下的分数筹算形式。

继中国的筹算分数之后，又过了五六百年的时间，印度才出现了有关分数理论的论述。印度人记录分数的形式与我国古代的筹算分数是一样的，只不过使用的是阿拉伯数字。再往后，阿拉伯人发明了分数线，我（分数）的表示法就成为现在这样了。

# 第三节　零的起源，伟大的发现

我很特殊，人们最先仅仅用我表示没有的意思，这样我在历史的长河中游历了两千多年。随着人们对数的研究不断深入，我不仅仅表示没有，还增添了更有意义的价值。首先我的表示符号就多达好几十种，如“·”空一格、“0”“口”等。据历史记载，玛雅人有一个被称为“人类头脑最光辉的产物”的数学体系，他们（或他们的欧梅克祖先）独立发展了我（零的概念），它的发明与使用比亚非古文明中最早使用“零”的印度还要早一些，比欧洲人大约早了800年。他们使用二十进制的数字系统，数字以点（·）代表1、横棒（–）代表5。碑文显示他们有时会用到亿。大约在公元前3世纪，古印度人终于完成了数字符号1到9的发明创造，但此时还没有发现我——“0”。我的出现，是在1到9数字符号发明一千多年后的印度笈多王朝。刚出现时，我还不是用圆圈，而是用点来表示。至于何时由点转为圆，具体时间已无从考证；但在公元876年，人们在印度的瓜廖尔地方发现了一块刻有“270”这个数字的石碑。这也是人们发现的有关我（“0”）的最早的记载。

后来，这套数字符号传到阿拉伯，然后阿拉伯人将这套数字介绍到欧洲。欧洲人误认为是阿拉伯人发明的，所以至今称它们为阿拉伯数字。之前欧洲人使用的是罗马数字。罗马数字在表示比较小的数字时有它独特的优势，简单、明了、易懂，以至于今天钟表上还在使用它。

当我（“0”）传到欧洲时，罗马教皇认为“0”是“异端邪说”，与现有的数字格格不入，是一个怪物，玷污了神的圣洁，下令禁止使用。有一位罗马学者从一本天文书中见到了阿拉伯数字，对“0”的作用十分崇拜和推崇，专门在他的日记本上记下了“0”在记数和运算中的优越性。后来，这件事被教皇知道了，说他玷污了上帝创造的神圣的数，将他逮捕入狱，还对他施行了拶（zǎn）刑。但迫害无法阻挡先进知识的传播，“0”不仅在欧洲传播开来，还迅速地传遍了全世界。

我（“0”）传入中国的时间，大约在13世纪。“0”产生于中印文化，是中国首先使用的位值制促进了零的出现，印度是在中国筹算和位值制的影响下才创造“0”的。中国远在三千多年前的殷商时期，就采用了位值制，甲骨文中有“六百又五十又九（659）”等数字，明确地使用了十进位。在《诗经》中，零的含义被解释为“暴风雨末了的小雨滴”，计数中把零作为“没有”看待。中国魏晋时期的数学家刘徽在注《九章算术》时，已明确地将“0”作为数字了，使用过程中，开始用“□”表示，后来把方块画成圆圈。到了十三世纪，南宋数学家正式开始使用“0”这个符号。由此可见，中国是“0”的发源地之一。

“0”在数学概念的最核心的地位，是使得数字系统具有完备性；代数、几何得以成立；在数字序列中，“0”将正数和负数区分开来。因此，我占据了一个非常特殊的位置。

但我惹了不少的麻烦，最大的麻烦就是我不能做除数。8/0 是什么呢？假如 $8/0=a$，通过法则交叉相乘得 $0\times a=8$，这个等式毫无意义。故人们禁止我做除数。这个规定是非常必要的。

今天，离开我将万事难行，科学的进步都要依靠我，日常生活更离不开我。比如天气预报今天 0 摄氏度，并不是没有温度，它比零下 5 摄氏度要缓和些。以及类似的 0 能量、0 重力、时间 0 时等。

0 有大用途！

## 第四节　无理数，无法理解的数

我的出现，比零的出现、负数的出现要早 800 多年呢！

大家都知道数学中的毕达哥拉斯定理，也懂得$\sqrt{2}$属于无理数。可是在两千五百年前，人们却无法理解无理数的意义，因为那时的人们虽然懂数学，但是仅仅限于整数和分数，他们认为生活中的各种事情都能用整数和分数来表达，所以称“万物皆数”。

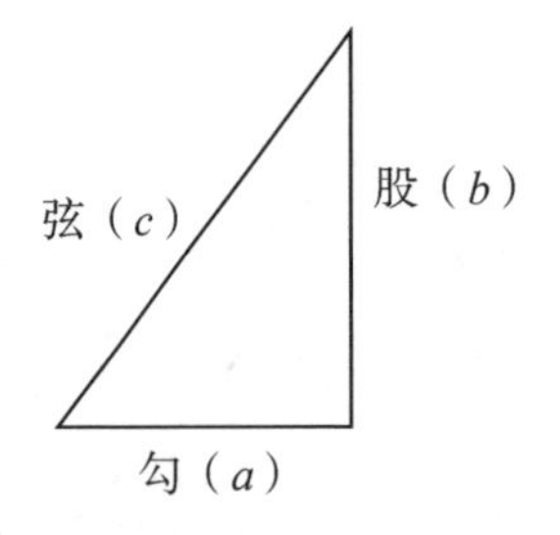

毕达哥拉斯是当时非常有名的数学家，他开创了一个学派。他第一个将数学理论应用到真实生活中，也公开声称数学是最完美无瑕的，世界上任何数都可以用两个整数相除得到。可是有一天，学派中的学生希帕斯很爱动脑筋，发现了一个用平常所知道的理论无法解释的数学问题，那就是一个直角三角形的两直角边长均为 1，而斜边不可能是分数。可是其他学生并不能理解，他们对数学的研究是建立在整数、分数的基础上的，所以他们认为，平方根数根本不算是数字，这便导致这个惊人的发现在学派中引起了巨大轰动。

这冲击了人们的观念，它几乎把此前人们所理解的事物原理根本推翻了。更让这些人绝望的是，他们对我（无理数）的出现束手无策，没有方法可以证明我（无理数）是不存在的，于是便产生了人们在数学方面研究的知识断层，也在当时的古希腊掀起了数学思想革命的巨大浪潮。

可是当时学派里的其他认同原先理论的学生们完全不认同这一点，他们认为这不符合他们学派的创始者的数学思想，因为这些人在数学方面的研究与学派的思想有密不可分的联系。于是为了维护学派的重要思想，他们开始质疑希帕斯的言论。不过希帕斯没有受到干扰，他一直坚信自己的发现是正确的，并且用他们熟悉的归谬法论证得出一个边为 1 的正方形，其对角线长度为根号 2，就连他的老师毕达哥拉斯看了后，也没有能够找到错误的地方。这不仅发现了人类历史上的第一个无理数$\sqrt{2}$，还推翻了当时学派内众人坚信的数学理论。

但是这群信仰“万物皆数”的学生还是无法接受，他们开始抨击希帕斯，可是希帕斯始终坚持自己的理论，最后在船上被一群学派中的人扔进了大海淹死了。他们觉得希帕斯的证明很荒谬，原本信仰多年的数学思想竟然被这个理论中的数字推翻了，这个数是没有道理的数，也是无法理解的数，不能承认它的存在。

毕氏弟子希帕斯的发现，第一次向人们揭示了有理数系的缺陷，证明它不能与连续的无限直线同等看待，有理数并没有布满数轴上的点，在数轴上存在着不能用有理数表示的“孔隙”。而这种“孔隙”经后人证明简直多得“不可胜数”。于是，古希腊人把有理数视为连续衔接的那种算术连续的设想彻底地破灭了。不可公度量的发现连同著名的芝诺悖论一同被称为数学史上的第一次危机，对以后两千多年里数学的发展产生了深远的影响，促使人们从依靠直觉、经验而转向依靠证明。这推动了公理几何学与逻辑学的发展，并且孕育了微积分的思想萌芽。

然而，真理毕竟是掩盖不了的，毕氏学派抹杀了真理才是“无理”，15 世纪意大利著名画家达·芬奇称之为“无理的数”，17 世纪德国天文学家开普勒称之为“不可名状”的数。人们为了纪念希帕斯这位为真理而献身的可敬可尊的学者，就把不可通约的量取名为“无理数”（无法理解的数）——这便是我（“无理数”）的由来。

## 第五节 负数的出现

我是谁？日常生活能少得了我吗？我是负数，我该出现了！我再不出现，数字在日常生活的应用就有困难了；同时，数学体系也不能再向前迈进了呢！

其实，数学从产生到发展以及应用，很多时候得益于人们在解决实际生活中遇到的问题，或在数学领域研究工作时遇到的问题。如古人狩猎、耕种、房屋建设、原始交易等等，就促成自然数的产生。古人需要进行份额分配的时候，又促成了分数的产生。

当人类社会不断往前发展的时候，古人发现自然数、分数等这些数学知识已经满足社会发展，但是在生活中经常会遇到各种相反意义的量。像在市场交易时，记账有余有亏；在计算粮仓存米时，有时要记进粮食，有时要记出粮食。怎么记数呢？以上这些实际生活情况，古人仅仅靠自然数和分数就无法解决，因此为了适应社会发展，人们就考虑用相反意义的数来表示。

于是人们引入了我（负数）这个概念，把余钱、进粮食记为正，把亏钱、出粮食记为负。看到这里，很多人肯定会在想，那么是哪个国家最早发现我（负数）这一概念呢？正是中国。

成书于公元1世纪左右的《九章算术》，该书内容十分丰富，全书采

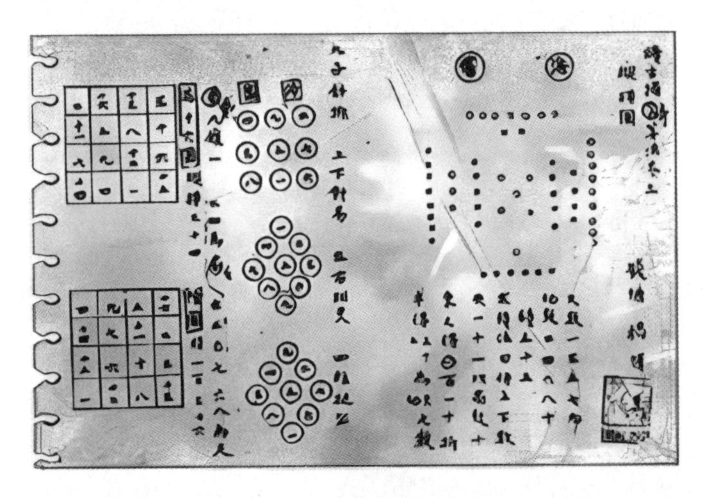

《杨辉算法》中的纵横图

用问题集的形式，收有 246 个与生产、生活实践有联系的应用问题。在《九章算术》这部数学巨作的《方程章》中，刘徽为了解决方程问题，便引入了负数的概念和正负数加减法则。刘徽这么说道：“两算得失相反，要令正负以名之。”“同名相除，异名相益，正无入负之，负无入正之；其异名相除，同名相益，正无入正之，负无入负之。”这些是书中关于正负数的明确定义，书中给出的正负数加减法则，和现代的数学教科书上正负数概念完全一致。

下面就让我们一起来看看《九章算术》中的原题：

今有卖牛二、羊五，以买十三豕，有余钱一千；卖牛三、豕三，以买九羊，钱适足；卖羊六、豕八，以买五牛，钱不足六百。问牛、羊、豕价各几何？

书中给出的解法是：

术曰：如方程，置牛二、羊五正，豕十三负，余钱数正；次置牛三正，羊九负，豕三正；次牛五负，羊六正，豕八正，不足钱负。以正负术入之。

用现代数学去解释就是：

设每头牛、羊、豕的价格分别为 x，y，z，则可列出如下的方程（组）：

$2x+5y-13z=1000$

$3x-9y+3z=0$

$-5x+6y+8z=-600$

解这样的方程组，对于现代数学来说简单得不能再简单了。当时我（负数概念）还没有出现的时候，解这样的方程组就会显得很困难。我们知道，在解方程组时，如果去移项消去一个未知数，那么在这个过程中往往就会出现某些未知数的系数为负数的情形。因此，《九章算术》不仅解决了方程组的解法，还引入负数的概念、扩大了数的系统。

当时古人还没有阿拉伯数字，刘徽当时是怎么去分辨正负数呢？古代数学计算主要是通过算筹来进行的，当时规定以红为正、黑为负，或将算筹直列作正、斜置作负。这样简单粗暴直观的方法，只要碰见具有相反意义的量，就可以用正负数明确地加以区别。

外国首先提到负数的是印度人，整整比《九章算术》迟一千多年。欧洲第一个给予正负数以正确解释的是斐波那契，但他比我们的祖先晚好几百年。甚至在欧洲，很长一段时间里认为负数是一种“荒谬的数”，很多人对负数感到迷惑不解，如把零看作“没有”，很难去理解比“没有”还要少的现象。

直到1637年，法国大数学家笛卡儿通过创立坐标系和点的坐标概念，创立了解析几何学，负数才被赋予真正的几何意义和实际意义，确立了它在数学中的地位。我的地位才被人们充分认识！我的作用才体现出价值来。

数学来源于生活，同时又服务于生活，这句话我们经常都会说到，我的出现就是最好的例子。但现代数学教育课堂经常脱离实际生活，让数学知识学习显得很空洞和无用。数学教育离不开实际生活，更需要融入实际生活中，来凸显数学知识的重要性。就像正负数的学习，现代数学教育已经不需要像古人那样去烦琐解释，但我们仍可以通过一些具体的生活例子，来帮助学生加以理解，如温度计上的刻度、海拔高度等等。

这些贴近生活的例子，学生理解起来不难，既能帮助他们消化数学知识，又可以培养数学学习兴趣。

## 第六节　质数，数学最基本的元素

数学这门学科包罗万象，涉及人类活动的各个领域，时常让人感到无所适从。我们有时不得不回归基础。而这无疑意味着要回到那些计数的数字 1，2，8，9，10，11，12……我们能找到比它们更基础的东西吗？能。那就找我帮忙吧。我是质数，我就是数字的一个个原子呢！我很基础哦，但又很特别！顺便说下，我还有一个别名叫素数哦。

我们首先来看 $4=2\times2$，我们可以将 4 拆分为两个基本成分。那么，人们可以同样地拆分其他数字吗？事实上，这里有更多的例子：$6=2\times3$，$8=2\times2\times2$，$9=3\times3$，$10=2\times5$，$12=2\times2\times3$。这些数字被称为合数，也就是我的孪生兄弟。它们是一些更基础的数字 2，3，5，7 的乘积。而那些不可拆分的 2，3，5，7，11，13 则被称为质数（或称素数）。这就是我。我的定义就是：质数是只可被 1 和它本身所整除的自然数。你或许想知道 1 本身是不是质数。根据上边的定义，应该是的。事实上，过去许多杰出的数学家都把 1 作为质数对待，但现在的数学家是把 2 作为质数的开始，这使得定理可以表述得更优雅。在这里我们也同样把 2 作为第一个质数。

对于头几个自然数，我们可以将那些质数用下画线标记出来：1，3，4，5，6，2，8，9，10，11，12，13，14，15，16，17，18，19，21，

22，23……对于质数的研究将我们带回到基础中的基础。我（质数）非常重要，因为我的是数学的“原子”。就像所有的化合物都是由基本的化学元素组成的，在数学里，这些基本的质数可以通过彼此相乘构建出合数。

由此得到的一个数学结论，进一步巩固了其重要性，它有着响亮的名字——“整数的唯一分解定理”。这个定理是说，所有大于 1 的数都只能被唯一地分解成质数的乘积。我们可以看到，12 可以被分解为 2×2×3，而且没有其他的分解方式。这种分解经常被写为指数形式，如 $12=2^2\times3$。

寻找我（质数）：遗憾的是，并没有什么可依循的公式来判定一个数是否为我（质数）；而且在整数数列中，我（质数）的出现似乎也并无规律可循。一种寻找我（质数）的早期方法是由与阿基米德同时代的埃拉托斯特尼（ Erastosthenes）提出的。他对于赤道长度的精确计算在当时受到了推崇。而如今他被世人所知则是由于他发明的寻找质数的筛法。埃拉托斯特尼想象将自然数铺展在他面前。他首先在 2 下面画线，然后将所有2的倍数剔除出去。接着，他在3下面画线，并把所有3的倍数剔除出去。以这种方式继续下去，他筛掉了所有的合数，剩下有画线的数字便是质数，这样我们就可以预测质数。但我们如何判定一个数是否是质数呢？例如19071或19073？除了质数2和5之外，其他所有质数都应该以1，3，7或9为尾数，但这个条件并不足以判定这个数是质数。如果不去尝试所有可能的因数分解，就很难判定一个很大的以1，3，7或9为尾数的数是否是质数。

| 1 | 2 | 3 | 4 | 5 | 6 | 7 | 8 | 9 | 10 |
|---|---|---|---|---|---|---|---|---|---|
| 11 | 12 | 13 | 14 | 15 | 16 | 17 | 18 | 19 | 20 |
| 21 | 22 | 23 | 24 | 25 | 26 | 27 | 28 | 29 | 30 |
| 31 | 32 | 33 | 34 | 35 | 36 | 37 | 38 | 39 | 40 |
| 41 | 42 | 43 | 44 | 45 | 46 | 47 | 48 | 49 | 50 |
| 51 | 52 | 53 | 54 | 55 | 56 | 57 | 58 | 59 | 60 |
| 61 | 62 | 63 | 64 | 65 | 66 | 67 | 68 | 69 | 70 |
| 71 | 72 | 73 | 74 | 75 | 76 | 77 | 78 | 79 | 80 |
| 81 | 82 | 83 | 84 | 85 | 86 | 87 | 88 | 89 | 90 |
| 91 | 92 | 93 | 94 | 95 | 96 | 97 | 98 | 99 | 100 |

（图中阴影部分的数就是质数）

质数有多少？质数的个数是无穷多的。欧几里得在他的《几何原本》（第9卷，命题20）中就提出，“素数的个数要超过任何一个我们可以指定的数”，并且他给出了很完美的证明。

尽管我（质数）多至“无穷”，但这个事实并没有阻挡人们继续努力寻找已知最大的质数。最近的纪录保持者是庞大的梅森质数 $2^{20363}-1$（或者七万亿）。

素数密度公式：$s(n)=\frac{\sum_{1}^{n}\left(1-\frac{1-i^{2\left|\Pi_{k=1}^{n}\left(\prod_{m=1}^{n}(n-(k+1)(m+1))\right)\right|}+1}{2}\right)}{n}$

看不懂了吧？不过没有关系，做个了解就是。以后你的知识水平提升了，你就可以看懂它！

未解之谜：关于我（质数）的非常著名的两个未解之谜是“双生质数问题”及著名的“哥德巴赫猜想”。

双生质数是指一对仅仅由一个偶数隔开的相邻质数。1 到 100 之间的双生质数依次是 3，5；5，7；11，13；17，19；29，31；41，43；59，61；71，73。我们已经知道小于 $10^{10}$ 的双生质数总共有 27412679 对。这意味着双生质数之间的偶数，例如 12（在双生质数 11 和 13 之间），仅仅占这个范围内所有数的 0.274%。那么，双生质数有无穷多对吗？如果不是的话，是很有趣的一件事。但迄今为止还没有人能对此做出证明。

说到我（质数），我们不得不提到一个非常著名的猜想——哥德巴赫猜想，即任何一个比 2 大的偶数都可以表示为两个质数的和。

例如 42 是一个偶数，它可以表示为 5+37；事实上，除此之外，我们还可以将其表示为 11+31，13+29 或者 19+23。不过，我们仅需要一种表示方式就够。这个猜想对于很大范围内的数都是适用的，不过还没有人能给出证明。尽管如此，我们还是取得了一些进展，一些人甚至感觉它的证明已经指日可待。中国数学家陈景润迈出了非常重要的一步。他证明了每个足够大的偶数都可以表示为两个质数的和，或者一个质数和一个半质数（两个质数的乘积）的和。

就差最后一步了，亲爱的读者，你能不能把它完成了呢？

人们将我（质数）描述为“数学的原子”。但你可能会说：“显然，物理学家找到了比原子更加基础的粒子，例如夸克。”数学已经停滞不前了吗？如果我们将自己限定在自然数范围里，5作为质数，是最基础的，并且永远都是。然而，高斯做出了一个意义深远的发现：对于某些质数，例如5，$5=(1-2i)\times(1+2i)$，其中$i=\sqrt{-1}$。由于可以分解为两个高斯整数的乘积，5和其他类似的数字便不再像以前一直认为的那样是不可拆分的了。因此，不可分割是相对的，当数系发展得更深远的时候，质数同样可以进行不同方式的拆分。我们拭目以待吧！

## 第七节　虚数不虚

我的作用可大了，只不过你们没有完全了解我的特性罢了，比如在航海、天文、交流电等领域，只有我出现，才能够解决问题。你们不要光看到我是一个数，看起来是虚构的；但把我放到复平面里，就有我存在的价值了，而且还非常大。顺便说一下，我的出现，还把数的家族扩大了。看看这一大家族吧！

在人类科学发展史上，曾出现过发现真理容易、接受真理困难的情形。例如数学中诞生的新数：负数与无理数，还有下面所讲的我（虚数）。第一个遇到我（虚数）的是印度数学家婆什迦罗，他认为 $x^2=-1$ 这个式子没有意义。他说："正数的平方是正数，负数的平方是正数，因此，一个正数的平方根有二，一正一负；负数没有平方根，因为它不是一个平方数。"

16 世纪的欧洲，是一个认识扩充数系十分混乱的世纪，主要原因是这些新数尚未建立其理论基础和逻辑地位，人们常被负数、无理数所困扰。现在数海中又冒出了一个"两栖怪物"数，新生事物不断涌现，令数学家心力交瘁，一筹莫展。

作为"两栖怪物"的我出现，是在婆什迦罗最早发现负数无平方根，世界数坛沉默了好几百年以后。1545 年，第一个发现和认真讨论我（虚数）的是意大利数学家卡尔达诺，他在《大术》中提出了一个问题："两数的和是10，积是40，求这两数。"用今天的符号表示，设一数为$x$，则另一数为$10-x$，得$x(10-x)=40$。他解得两个奇怪的根：$x_1=5+\sqrt{-15}$和$x_2=5-\sqrt{-15}$。这是最早的虚数表示法，也是世界上第一个虚数表达式，在一定意义上它宣告了我（虚数）的正式诞生。

卡氏心知肚明，他无法解释负数的平方根是不是"数"，为难地在书上描述这个怪物说："不管我的良心会受到多么大的责备，事实上$5+\sqrt{-15}$乘以$5-\sqrt{-15}$刚好是40！"卡氏给$\sqrt{-15}$起了一个怪名字叫"诡辩量"或"虚构的根"（他称正根为真实根，虚根为虚构的）。"诡辩"一词，古希腊文原意是使人智慧，也译作"哲人"或"智人"；后来变成贬义词"无理强辩"。这表明他怀疑这种数的运算的合理性。

最早理直气壮地承认虚数的是意大利数学家邦别利，他在1572年解三次方程$x^3=7x+6$时有虚根出现。他认为为了使解方程的根的矛盾得到统一，必须承认虚根是一个实实在在的数（针对虚构的说法）。但他也摆脱不了欧洲人对新数认识的传统的精神枷锁和思想烙印，即承认我（虚数）在，但又认为我（虚数）"无用"，而且"玄"；他还创用虚数记号，如R［om9］表示虚数$\sqrt{-9}$。

随着时间的推移，虚数的出现被越来越多的数学家们重视。但因没有"眼见为实"的实际意义，人们仍迟迟地不予承认。1629年，荷兰的基拉德在《代数新发明》中说："复数有三方面的用处：能肯定一般法则；有用；除此之外没有别的解。"他引入符号$\sqrt{-1}$表示虚数。他的观点较先进，承认虚数有用，但因自己没有真正认清，无法说服别人。

在中国古代，人们很早就可以求解二次方程，但因为中国古代数学家一直是应用数值解法，只求方程的正实根，所以没有产生引入虚数概念的需要。到了清代，我国翻译家华蘅芳在译《代数术》时，才首次采用“虚数”一词，并引用了它的记号“i”。

$$i=\sqrt{-1}$$

从卡尔达诺开始，在足足两百多年的时间里，虚数一直戴着一层神秘莫测、不可思议的面纱。1637 年，法国数学家笛卡儿在《几何学》中说“负数开平方是不可思议的”，并且创造了一名字“ imaginary number”（虚数），意即虚幻之数。后来他改变了看法，正确地认识了虚数的存在，于是站出来替虚数说了公道话，第一次把“虚幻之数”改为“虚数”，与“实数”相对应。“虚数”因此而得名，沿用至今。

1685 年，牛津大学教授沃利斯为了说明虚数的实际意义，大胆地给虚数做了一个巧妙的“解释”：假设某人失去 10 亩土地就是他得到－10 亩土地，又如果这块地是个正方形，那么它的一边长不就是$\sqrt{-10}$了吗？这样解释虚数的实际意义，仍然没有拂去人们雾里看花的“云雾”。

1702 年，德国的莱布尼茨对虚数的描述还颇带几分神秘色彩：“虚数是神灵与惊奇的避难所，它几乎是介于存在又不存在之间的两栖物。”

这是一种把虚数看成上不沾天、下不着地的“梁上君子”，虽然他曾应用了虚数概念解决了有理函数的积分，但他却认为“这是神奇的干预”。

直到 1768 年，欧拉在《对代数的完整的介绍》一文中解释说：虚数既不比零大，也不比零小，又不等于零，因此它不能包括在数（实数）

中……（证明欧拉论点，虚数是不能比较大小的）

$$e^{i\pi}+1=0$$

（著名的欧拉公式）

欧拉承认虚数的存在，如他早在 1748 年，就给出流传世界的欧拉公式 $e^x=\cos x+\sqrt{-1}\sin x$，相当于今天的式子 $e^x=\cos x+i\sin x$，表明复数存在，但他又看不见。这也是双重性的认识。后来，1771 年 5 月 5 日，欧拉在递交给彼得堡科学院的论文《微分公式》中，一改过去的态度，首次创用符号“i”来表示$\sqrt{-1}$（取“虚数”的第一个字母 i）。尽管很少有人注意它，但它却是数学符号史上的一件大事。直到 1801 年，数学家高斯使用这个符号，以后才被数学家使用，一直沿用至今！

显然，人们对科学的认识受历史条件的限制，在当时还没有找到虚数的现实模型，这层神秘面纱尚未完全揭开。

伟大的科学发现，不一定马上给人们带来实际利益，但只要是真正的科学，不管被人视为“鬼火”，还是被贬为“萤光”，一旦接触到客观需要的干柴，就会燃成熊熊大火，蔚为壮观。

复数在几何上找到了“立足地”以后，“眼见为实”的人们对它刮目相看了。从 18 世纪末起，以欧拉为首的一些数学家如柯西、黎曼和维尔斯特拉斯等经过艰辛努力，最终发展出一门新的、独立的数学分支，叫作复变函数论。

恩格斯曾在《反杜林论》中指出，虚数是“正确数学运算的必然结果”，虚数是从求解方程的实践过程中产生的，而求解方程又是人类在生产实践和科学实验过程中经常要遇到的数学问题。

因此虚数不“虚”，它是来源于实践的一种新数而已。人类经过坚韧不拔的努力，经历曲折，终于初步完成了认识数的发展过程，其顺序是：自然数→有理数→无理数（实数）→复数。

数系发展到复数以后，数学家仍在继续复数的扩充。英国数学家哈米顿于1843年把复数扩充到四元数和八元数（统称超复数），如果舍去更多的运算性质，超复数还可扩充到十六元数、三十二元数等。

经过许多数学家长期不懈的努力，人们深刻探讨并发展了复数理论，才使得在数学领域游荡200多年的幽灵——虚数揭去了神秘的面纱，显现出它的本来面目。虚数成为数系大家庭中的一员，从而将实数集扩充到了复数集。

随着科学和技术的进步，复数理论已越来越显出它的重要性，它不但对于数学本身的发展有着极其重要的意义，而且为证明机翼上升力的基本定理起到了重要作用，并在解决堤坝渗水的问题中显示了它的威力，也为建立巨大水电站提供了重要的理论依据！

## 第八节　π的故事

我是一个非常奇特的常数，人们用得最多的常数之一，即圆的周长与它的直径的比值。几千年了，人们颇费周折，想尽了一切办法来研究我，在这个过程中，也成就了不少的世界知名数学家。但他们都没有弄清楚我到底是多少，只把我的数字大概估计为3.14159等。他们和他们之前的其他人都认识到圆有一种特殊而有用的特性：任何圆的周长除以它的直径总是得出一个相同的数；换句话说，圆的周长与直径的比值总是相同的。我们把它看作一个常数，不管其他数字如何变化，它都保持不变。后来，人们给我取了一个好听的名字叫圆周率，把我用希腊字母π来表示。

关于我的计算问题，历来是中外数学家极感兴趣、孜孜以求的问题。德国的一位数学家曾经说过："历史上一个国家所算得的圆周率的准确程度，可以作为衡量这个国家当时数学发展水平的一个标志。"

我国古代在圆周率的计算方面长期领先于世界水平。魏晋时期数学家刘徽创立的新方法——"割圆术"，是用圆内接正多边形的周长去无限逼近圆周并以此求取圆周率的方法。这个方法，是刘徽在批判总结了数学史上各种旧的计算方法之后，经过深思熟虑才创造出来的一种崭新的方法。

提起圆周率，我们首先想到的是祖冲之。祖冲之是我国南北朝时期最伟大的数学家之一。他也是我国古代著名的数学家和天文学家。他最大的成就莫过于将圆周率精确到了小数点后的七位。这一成就比欧美要早一千多年。而且祖冲之还写出了在唐代被当作课本来用的著名数学专著《缀术》，十分遗憾的是这本书并没有流传至今。祖冲之采用的是将圆切割，然后分别计算，最后加和求出圆周率。如果要将圆周率精确到小数点之后的七位，必须要对圆进行 24576 边形的切割，然后依次求出内接正多边形的边长，工作量十分巨大，所以现代人见到如此精确的数据之后产生了膜拜之情。因为祖冲之的圆周率精确到小数点后七位，也就是精确到了 3. 1415926 到 3. 1415927 之间。

为了纪念这位世界级的伟大数学家，国际天文学联合会将月球背面的一座环形山以祖冲之命名，称之为祖冲之环形山。这是因为在那个只有算筹计算的年代，如此大的计算量还能精确计算出结果，是十分艰难的。计算量如此之大，需要计算者极度有信心和耐心，这是我们一般人所不能想象的。

古代的学者也知道，这个不变的比值也出现在圆的另一个基本属性中：圆的面积总是常数乘以半径的平方，也就是说，$A=\pi r^2$。特别是，如果圆的半径为 1 个长度单位（英寸、英尺、米、千米、光年，或别的什么）时，那么圆的面积就等于 π 个面积单位。

圆形对于我们人类制造和使用的许多东西来说是非常重要的，从轮子和齿轮到钟表、火箭和望远镜，无一例外不用到我（π）。我的值到底是多少呢？

求值的方法一直是个谜，千百年来，许多不同文明的人们一直在努力探索这个谜团。

关于 π 值的研究，变革出现在 17 世纪发明微积分时。微积分和幂级数展开的结合导致了用无穷级数来计算 π 值的方法，这就抛开了计算繁杂的割圆术。那些微积分的先驱如帕斯卡、牛顿、莱布尼茨等都对 π 值的计算做出了贡献。

$$\frac{\pi}{2}\sum_{i=0}^{\infty}\frac{2^i\cdot\ (i!)^2}{(2\cdot i+1)!}=\sum_{i=0}^{\infty}\frac{2\cdot 3\cdot 4\cdot \ldots\cdot i}{3\cdot 5\cdot 7\cdot \ldots\cdot\ (2\cdot i+1)}$$

1706 年，英国数学家梅钦得出了现今仍以其名字命名的公式，给出了 π 值的第一个快速算法。梅钦因此把 π 值计算到了小数点后 100 位。以后又发现了许多类似的公式，π 的计算精度也越来越高。1874 年，英国的谢克斯花 15 年时间将 π 计算到了小数点后 707 位，这是人工计算 π 值的最高纪录，被记录在巴黎发现宫的 π 大厅。可惜后来发现其结果从 528 位已经开始出错了。

1949 年约翰·冯·诺依曼使用美国政府的 ENAC 计算机计算 π 到小数点后 2035 位（在 70 小时内）。

1987 年东京大学的金田康正教授在 NEC SX-2 超级计算机上计算出 π 到小数点后 134,217,000 位：

π≈3. 1415926535897932384626433832795088419716939937510582097494459230781640628620899862803482534211706798214808651328230664709384460955058223172535940812848111745028410270193852110555964462294895493038196442881097566593344612847564823378678316527120190914564856692346034861045432664821339360726024914127372458700606315588174881520920962829254091715364367892590360011330530548820466521384146951941511609433057270365759591953092186117381932611793105118548074462379962749567……

电子计算机出现后，人们开始利用它来计算我（圆周率 π）的数值，从此，π 的数值长度以惊人的速度扩展着：1949 年算至小数点后 2035 位，1973 年算至 100 万位，1983 年算至 1000 万位，1987 年算至 1 亿位，2002 年算至 1 万亿位，至 2011 年，已算至小数点后 10 万亿位。

| 小数点后位数 | 数学家 | 首次算准时间 |
| --- | --- | --- |
| 1 | 古巴比伦人 | 公元前20世纪 |
| 2~3 | 阿基米德 | 公元前3世纪 |
| 4~5 | 刘徽 | 公元260年（距上次560年） |
| 6~7 | 祖冲之 | 公元480年（距上次220年） |
| 8~10 | Madhava | 公元1400年（距上920次年） |
| 11~16 | Jamshid Masud Al Kashi | 公元1424年（距上次24年） |
| 17~20 | 鲁道夫·范·科伊伦 | 公元1596年（距上次172年） |
| 21~32 | 鲁道夫·范·科伊伦 | 公元1615年（距上次19年） |
| 33~35 | 威理博·司乃尔 | 公元1621年（距上次6年） |
| 36~71 | Abraham Sharp | 公元1699年（距上次78年） |
| 72~100 | John Machin | 公元1706年（距上次7年） |
| 101~112 | De Lagny | 公元1719年（距上次13年） |
| 113~136 | Jurij Vega | 公元1794年（距上次75年） |
| 137~152 | Rutherford | 公元1841年（距上次47年） |
| 153~200 | Zacharias Dese | 公元1844年（距上次3年） |
| 201~248 | Thomas Clausen | 公元1847年（距上次3年） |
| 249~261 | Lehmann | 公元1853年（距上次6年） |
| 262~440 | William Rutherford | 公元1853年（距上次0年） |
| 441~500 | Richter | 公元1855年（距上次2年） |
| 501~527 | William Shanks | 公元1874年（距上次19年） |
| 528~620 | D. F. Ferguson | 公元1946年（距上次72年） |
| 621~808 | D. F. Ferguson | 公元1947年（距上次1年） |

（注：此表统计列出人工计算的最高纪录为808位）

人类对我（π）的认识过程，也从一个侧面反映了数学发展的历程。在历史上，人类从没有对一个数学常数有过如此狂热的数值计算竞赛。

## 第九节　发现对数

我是对数，人们对我知之甚少。最开始是阿基米德研究过我，但在实际运用中作用不大，他也就没有继续下去。两千多年后，人们在研究天体方面，要进行大量而又繁重的计算时，才又想起了我。找到了我的规律后，天文学家欣喜若狂，再也不用为海量的计算而烦恼了！

自古以来，人们的日常生活和所从事的许多领域，都离不开数值计算；并且随着人类社会的进步，对计算的速度和精确程度的需要愈来愈高，这就促进了计算技术的不断发展。印度的阿拉伯记数法、十进小数和对数是文艺复兴时期计算技术的三大发明，它们是近代数学得以产生和发展的重要条件。其中我（对数）的发现，曾被 18 世纪法国大数学家、天文学家拉普拉斯评价为“用缩短计算时间而延长了天文学家的寿命”。从这可以看出我的巨大魅力哦！

我（对数）的基本思想可以追溯到古希腊时代。早在公元前 500 年，阿基米德就研究过几个 10 的连乘积与 10 的个数之间的关系，用现在的表达形式来说，就是研究了这样两个数列：

| 1 | 10 | $10^2$ | $10^3$ | $10^4$ | $10^5$ | … |
|---|---|---|---|---|---|---|
| 0 | 1 | 2 | 3 | 4 | 5 | … |

他发现了它们之间有某种对应关系。利用这种对应可以用第二个数列的加减关系来代替第一个数列的乘除关系。阿基米德虽然发现了这一规律，但他却没有把这项工作继续下去，失去了让对数破土而出的机会。

到了公元1514年，德国数学家史蒂芬对我（对数）的产生做出了实质性贡献。史蒂芬重新研究了阿基米德的发现，他写出两个数列：

| 0 | 1 | 2 | 3 | 4 | 5 | 6 | 7 | 8 | 9 | 10 | … |
|---|---|---|---|---|---|---|---|---|---|---|---|
| 1 | 2 | 4 | 8 | 16 | 32 | 64 | 128 | 512 | 1024 | 2048 | … |
| $2^{0}$ | $2^{1}$ | $2^{2}$ | $2^{3}$ | $2^{4}$ | $2^{5}$ | $2^{6}$ | $2^{7}$ | $2^{8}$ | $2^{9}$ | $2^{10}$ | … |

他发现，上一排数之间的加、减运算结果与下一排数之间的乘、除运算结果有一种对应关系。例如上一排中的两个数2，5之和为7，下一排对应的两个数4，32之积128正好就是2的7次方。实际上，用后来的话说，下一列数以2为底的对数中的指数就是上一列数。并且史蒂非还知道，下一列数的乘法、除法运算，可以转化为上一列数的加法、减法运算。

就在史蒂芬悉心研究这一发现的时候，他遇到了困难。由于当时指数概念尚未完善，分数指数还没有被认识，面对像1025÷33等算式的情况就感到束手无策了。在这种情况下，史蒂芬无法继续深入研究下去，只好停止了这一工作。但他的发现为对数的产生奠定了基础。

15和16世纪，天文学得到了较快的发展。为了计算星球的轨道和研究星球之间的位置关系，需要对很多的数据进行乘、除、乘方和开方运算。由于数字太大，为了得到一个结果，常常需要运算几个月的时间。繁难的计算折磨着科学家。能否找到一种简便的计算方法？如果能用简单的加减运算来代替复杂的乘除运算就太好了！这一梦想终于被英国数学家纳皮尔实现了。

纳皮尔1550年生于苏格兰的爱丁堡。他家是苏格兰的贵族，他13岁进入圣安德卢斯大学学习，后来留学欧洲，1571年回到家乡。纳皮尔是一位地主，他曾在自己的田地里进行肥料施肥试验，研究过饲料的配合，还设计制造过抽水机。他的兴趣十分广泛，一方面热衷于政治和宗教斗争，一方面投身于数学研究。他在球面三角学的研究中有一系列突出的成果。

当时还没有完善的指数概念，也没有指数符号，因而实际上也没有“底”的概念。他把对数称为人造的数。“对数”这个词是纳皮尔创造的，原意为“比的数”。他用了20多年时间研究对数，1614年，他出版了名为《奇妙的对数定理说明书》的著作，介绍了他关于对数的讨论，书中包含了一个正弦对数表。

有趣的是，同一时刻瑞士的钟表匠比尔吉也独立发现了对数，他用了8年时间编出了世界上最早的对数表，但他长期不发表它；直到1620年，在开普勒的恳求下才发表出来。但这时纳皮尔的对数已闻名全欧洲了。

纳皮尔的对数著作引起了广泛的注意。伦敦的数学家布里格斯于1616年专程到爱丁堡看望纳皮尔，建议把对数做一些改进，使1的对数为0，10的对数为1，等等。这样计算起来更简便，也将更为有用。次年纳皮尔去世，布里格斯独立完成了这一改进，就产生了使用至今的常用对数。1617年，布里格斯发表了第一张常用对数表。1620年，哥莱斯哈姆学院教授甘特试做了对数尺。

当时，人们并没有把对数定义为幂指数，直到17世纪末才有人认识到对数可以这样来定义。1742年，威廉斯把对数定义为指数并进行系统叙述。现在人们定义对数时，都借助于指数，并由指数的运算法则推导出对数运算法则。可在数学发展史上，对数的发现却早于指数，这是数学史上的珍闻。

解析几何与微积分出现以后，人们在研究曲线图形的面积时，发现了面积与对数的联系。比如圣文森特的格雷果里在研究双曲线 $xy=1$ 下的面积时，发现面积函数很像一个对数，后来他的学生沙拉萨第一个把面积解释为对数。但当时并没有认识到对数和双曲线下面积之间的确切关系，更没有认识到自然对数就是以 $e$ 为底的对数。后来，牛顿也研究过此类问题。欧拉在1748年引入了以 $a$ 为底的 $x$ 的对数 $\log_a x$ 这一表示形式，以作为满足 $a^y=x$ 的指数 $y$，并对指数函数和对数函数做了深入研究。而复变函数的建立，使人们对对数有了更彻底的了解。

我（对数）的出现引起了很大的反响，不到一个世纪，我几乎传遍世界，成为不可缺少的计算工具。其算法对当时的世界贸易和天文学中大量繁难计算的简化，起了重要作用，尤其是天文学家几乎是以狂喜的心情来接受这一发现的。1648 年，波兰传教士穆尼阁把我（对数）传到中国。

在计算机出现以前，我（对数）是十分重要的简便计算技术，曾得到广泛的应用。对数计算尺几乎成了工程技术人员、科研工作者离不了的计算工具。直到 20 世纪发明了计算机后，对数的作用才为之所替代。但是，经过几代数学家的耕耘，对数的意义不再仅仅是一种计算技术，数学家们找到了它与许多数学领域之间千丝万缕的联系，对数作为数学的一个基础内容，表现出极其广泛的应用。

1971 年，尼加拉瓜发行了一套邮票，尊崇世界上“十个最重要的数学公式”。每张邮票以显著位置标出一个公式并配以例证，其反面还用西班牙文对公式的重要性做简短说明。有一张邮票是显示纳皮尔发现的对数的。对数、解析几何和微积分被公认为 17 世纪数学的三大重要成就，恩格斯赞誉它们是“最重要的数学方法”。伽利略甚至说：“给我空间、时间及对数，我即可创造一个宇宙。”

纪念邮票：纳皮尔发现对数

## 第十节　数学符号的历史

我是数学符号，而且是非常特别而又十分重要的角色。我这一大家子成员众多，功能性较强。我的出现，才使得数学表达简单、准确、便于书写。一旦得到全世界人民的公认，将不受任何语言的障碍，大家都能看懂、读懂。我们家族里的每一个符号，都有特定的数学含义。我的确立也是人类经过漫长的历程才完成的，之前各地方对我的表述不一致，弄得大家读、写、理解都很困难，到了非统一不可的地步。在经过特别有影响力的大数学家的倡导和使用后，就约定俗成，固定不变，形成共识，大家通用了。

我（数学符号）的发明及使用比数字要晚，但其数量却远远超过了

数字。现代数学常用的数学符号已超过了 200 个，其中每一个符号都有一段有趣的经历。

例如加号曾经有好几种，现在通用“+”号。

“+”号是由拉丁文“et”（“和”的意思）演变而来的。16 世纪，意大利科学家塔塔利亚用意大利文“plu”（加的意思）的第一个字母表示加，草书为“μ”，最后都变成了“+”号。

“-”号是从拉丁文“minus”（“减”的意思）演变来的，简写为 m，再省略掉字母，就成了“-”号。

据说，过去卖酒的商人用“-”表示酒桶里的酒卖了多少。以后当把新酒灌入大桶的时候，就在“-”上加一竖，意思是把原线条勾销，这样就成了个“+”号。

到了 15 世纪，德国数学家魏德美正式确定：“+”用作加号，“-”用作减号。

乘号曾有过十几种，现在通用两种。一个是“×”，最早是英国数学家奥屈特 1631 年提出的；一个是“·”，最早是英国数学家赫锐奥特首创的。德国数学家莱布尼茨认为：“×”号像拉丁字母“X”，加以反对，而赞成用“·”号。他自己还提出用“п”表示相乘。可是这个符号现在应用到集合论中去了。

到了 18 世纪，美国数学家欧德莱确定“×”为乘号。他认为“×”是“+”斜起来写，是另一种表示增加的符号。

“÷”最初作为减号，在欧洲大陆长期流行。直到 1631 年英国数学家奥屈特用“：”表示除或比，另外有人用“-”（除线）表示除。后来瑞士数学家拉哈在他所著的《代数学》里，才正式将“÷”作为除号。

平方根号曾经用拉丁文“Radix”（根）的首尾两个字母合并起来表示；17 世纪初叶，法国数学家笛卡儿在他的《几何学》中，第一次用“$\sqrt{\ }$”表示根号。“$\sqrt{\ }$”是由拉丁字母“r”演变而来的。

16 世纪法国数学家维叶特用“=”表示两个量的差别。可是英国牛津大学数学教授列考尔德觉得，用两条平行而又相等的直线来表示两数相等是最合适不过的了，于是等号“=”就从 1540 年开始使用起来。17 世纪德国莱布尼茨广泛使用了“=”号，他还在几何学中用“∽”表示相似，用“≌”表示全等。

大于号“>”和小于号“<”，是 1631 年英国著名代数学家赫锐奥特创用。至于“≯”“≮”“≠”这三个符号的出现，是很晚很晚的事了。大括号“{}”和中括号“[]”是代数创始人之一魏治德创造的。

任意号（全称量词）“∀”来源于英语中的 Arbitrary 一词，因为小写和大写均容易造成混淆，故将其单词首字母大写后倒置。同样，存在号（存在量词）“∃”来源于 Exist 一词中 E 的反写。

**数学符号种类**

1. 数量符号

如：i，$\sqrt[3]{2}+7i$，a，x，e，π。

2. 运算符号

如加号（+），减号（−），乘号（×或·），除号（÷或/），

两个集合的并集（∪），交集（∩），根号（$\sqrt{\ }$），

对数（log，lg，ln，lb），

比（:），绝对值符号（| |），

微分（d），积分（∫），闭合曲面（曲线）积分（∮）等。

3. 关系符号

如“=”是等号，“≈”是近似符号（即约等于），“≠”是不等号，“>”是大于符号，“<”是小于符号，“≥”是大于或等于符号（也可写作“≮”，即不小于），“≤”是小于或等于符号（也可写作“≯”，即不大于），

“→”表示变量变化的趋势，

“∽”是相似符号，“≌”是全等号，“//”是平行符号，

“⊥”是垂直符号，

“∝”是正比例符号（表示反比例时可以利用倒数关系），

“∈”是属于符号，

“⊆”是包含于符号，“⊇”是包含符号，

“|”表示“能整除”（例如 a|b 表示“a 能整除 b”，而 $a^r$| |b 表示 r 是 a 恰能整除 b 的最大幂次）。

4. 结合符号

如小括号“( )”，中括号“[ ]”，大括号“{ }”，横线“—”。

$$\left\{5+2\left[8\sqrt[2]{6+7\ (5t-m^3)}+\log_5\frac{8y+3}{7y-2}\right]\right\}^{-iwt}$$

5. 性质符号

如正号“+”，负号“-”，正负号“±”（以及与之对应使用的负正号“∓”）。

6. 省略符号

如三角形（△），直角三角形（Rt△），正弦（sin），

双曲正弦函数（sinh），x 的函数［f（x）］，极限（lim），角（∠），

∵ 因为，∴ 所以，

总和、连加：Σ，求积、连乘：Π，

从 n 个元素中取出 r 个元素所有不同的组合数：$c_n^r$（n 元素的总个数；r 参与选择的元素个数），

幂 $a^b$ 等。

7. 排列组合符号

C 表示组合数，

A（或 P）表示排列数，

n 表示元素的总个数，

r 表示参与选择的元素个数，

！表示阶乘，如 5！=5×4×3×2×1=120，规定 0！=1，

!! 表示半阶乘（又称双阶乘），例如 7!!=7×5×3×1=105，10!!=10×8×6×4×2=3840，

∑表示连加。

8. 离散数学符号

∀是全称量词，

∃是存在量词，

⊢是断定符（公式在 L 中可证），

⊨是满足符（公式在 E 上有效，公式在 E 上可满足），

¬ 是命题的“非”运算，如命题的否定为 ¬p，

∧是命题的“合取”（“与”）运算，

∨，命题的“析取”（“或”，“可兼或”）运算，

→表示命题的“条件”运算，

↔表示命题的“双条件”运算的，

p<=>q 表示命题 p 与 q 的等价关系，

p=>q 表示命题 p 与 q 的蕴涵关系（p 是 q 的充分条件，q 是 p 的必要条件），

A＊表示公式 A 的对偶公式，或表示 A 的数论倒数（此时亦可写为

$A^{-1}$），

wff 表示合式公式，

iff 表示当且仅当，

↑表示命题的“与非”运算（“与非门”），

↓表示命题的“或非”运算（“或非门”），

□表示模态词“必然”，

◇表示模态词“可能”。

9. 集合符号

Ø 表示空集，

∈表示属于（如" A∈B"，即“A 属于 B”），

∉表示不属于，

P（A）表示集合 A 的幂集，

| A | 表示集合 A 的点数，

R =R○R［RИ=Rn-1○R］关系 R 的“复合”，

ℵ Aleph，阿列夫，

⊆表示包含，

⊂（或⊊）表示真包含，另外，还有相应的⊄，⊈，⊉等，

∪表示集合的并运算，

U（P）表示 P 的领域，

∩表示集合的交运算-或＼集合的差运算，

⊕表示集合的对称差运算。

## 10. 其他表达式符号

domf 表示函数的定义域（前域），

ranf 表示函数的值域，

f：x→yf 是 x 到 y 的函数，

（x，y）表示 x 与 y 的最大公约数，有时为避免混淆，使用 gcd（x，y），

［x，y］表示 x 与 y 的最小公倍数，有时为避免混淆，使用 lcm（x，y），

aH（Ha）表示 H 关于 a 的左（右）陪集，

Ker（f）表示同态映射 f 的核（或称 f 同态核），

［1，n］表示 1 到 n 的整数集合，

d（A，B），｜AB｜，或 AB 表示点 A 与点 B 间的距离。

## 11. 特定字母和单词符号

C 复数集

I 虚数集

N 自然数集，非负整数集（包含元素" 0" ）

N＊（N+）正自然数集，正整数集（其中＊表示从集合中去掉元素“0”，如 R＊表示非零实数）

P 素数（质数）集

Q 有理数集

R 实数集

Z 整数集

Set 集范畴

Top 拓扑空间范畴

Ab 交换群范畴

Grp 群范畴

Mon 单元半群范畴

Ring 有单位元的（结合）环范畴

Rng 环范畴

CRng 交换环范畴

R-mod 环 R 的左模范畴

mod-R 环 R 的右模范畴

Field 域范畴

Poset 偏序集范畴

## 12. 数学符号希腊字母简表

| 序号 | 大写 | 小写 | 英语音标注音 | 英文 | 汉字注音 | 常用指代意义 |
|---|---|---|---|---|---|---|
| 1 | Α | α | /ˈælfə/ | alpha | 阿尔法 | 角度，系数，角加速度，第一个 |
| 2 | Β | β | /ˈbiːtə/或/ˈbeɪtə/ | beta | 贝塔/毕塔 | 磁通系数，角度，系数 |
| 3 | Γ | γ | /ˈgæmə/ | gamma | 伽玛/甘玛 | 电导系数，角度，比热容比 |
| 4 | Δ | δ | /ˈdeltə/ | delta | 得尔塔/岱欧塔 | 变化量，化学反应中的加热，屈光度，一元二次方程中的判别式 |
| 5 | Ε | ε | /ˈepsɪlɒn/ | epsilon | 埃普西龙 | 对数之基数，介电常数 |

续 表

| 序号 | 大写 | 小写 | 英语音标注音 | 英文 | 汉字注音 | 常用指代意义 |
| --- | --- | --- | --- | --- | --- | --- |
| 6 | Z | ζ | /ˊzi：tə/ | zeta | 泽塔 | 系数，方位角，阻抗，相对黏度 |
| 7 | H | η | /ˊi：tə/ | eta | 伊塔/诶塔 | 迟滞系数，效率 |
| 8 | Θ | θ | /ˊθi：tə/ | theta | 西塔 | 温度，角度 |
| 9 | I | ι | /aɪˊəʊtə/ | iota | 埃欧塔 | 微小，一点 |
| 10 | K | κ | /ˊkæpə/ | kappa | 堪帕 | 介质常数，绝热指数 |
| 11 | Λ | λ | /ˊlæmdə/ | lambda | 兰姆达 | 波长，体积，导热系数 |
| 12 | M | μ | /mju：/ | mu | 谬/穆 | 磁导系数，动摩擦系（因）数，流体动力黏度，微（千分之一），放大因数 |
| 13 | N | ν | /nju：/ | nu | 拗/奴 | 磁阻系数，流体运动粘度，光子频率，化学计量数 |
| 14 | Ξ | ξ | 希腊/ksi/<br>英美/ˈzaɪ/或/ˈsaɪ/ | xi | 可西/赛 | 随机变量，（小）区间内的一个未知特定值 |
| 15 | O | o | /əuˈmaikrən/<br>或/ˈɑmɪˌkrɑn/ | omicron | 欧（阿～）米可荣 | 高阶无穷小函数 |
| 16 | Π | π | /paɪ/ | pi | 派 | 求积，圆周率（=圆周长÷圆直径≈3.1416）<br>π（n）表示0~n区间的质数个数 |
| 17 | P | ρ | /rəʊ/ | rho | 柔/若 | 电阻系数，柱坐标和极坐标中的极径，密度 |
| 18 | Σ | σ，ς | /ˊsɪgmə/ | sigma | 西格玛 | 求和，表面密度，跨导，正应力 |
| 19 | T | τ | /tɔ：/或/taʊ/ | tau | 套/驼 | 时间常数，切应力，2π（两倍圆周率） |
| 20 | Υ | υ | /ˈipsɪlon/<br>或/ˈʌpsɪlɒn/ | upsilon | 宇（阿～）普西龙 | 位移 |
| 21 | Φ | φ | /faɪ/ | phi | 弗爱/弗忆 | 磁通，辅助角，透镜焦度，热流量 |
| 22 | X | χ | /kaɪ/ | chi | 凯/柯义 | 统计学中有卡方（χ^2）分布 |

续 表

| 序号 | 大写 | 小写 | 英语音标注音 | 英文 | 汉字注音 | 常用指代意义 |
|---|---|---|---|---|---|---|
| 23 | Ψ | ψ | /psaɪ/ | psi | 赛/普赛/普西 | 角速，介质电通量，ψ 函数 |
| 24 | Ω | ω | /ˊəʊmɪgə/ 或/oʊˊmegə/ | omega | 欧米伽/欧枚嘎 | 欧姆（电阻单位），角速度，交流电的电角度，化学中的质量分数 |

# 第十一节 计算机的发展和分类

## 一、计算机的发展

计算工具的演化经历了由简单到复杂、从低级到高级的不同阶段，例如从“结绳记事”中的绳结到算筹、算盘计、算尺、机械计算机等，都可以看到计算机的雏形。它们在不同的历史时期发挥了各自的历史作用，同时也启发了现代电子计算机的研制思想。

1889 年，美国科学家赫尔曼·何乐礼研制出以电力为基础的电动制表机，用以储存计算资料。

1930 年，美国科学家范内瓦·布什造出世界上首台模拟电子计算机。

计算机的英文原词“computer”是指从事数据计算的人。而他们往往都需要借助某些机械计算设备或模拟计算机。随着中世纪末期欧洲数学与工程学的再次繁荣，Wilhelm Schickard 于 1623 年率先研制出了欧洲第一台计算设备。

1820 年，查尔斯·巴比奇是构想和设计一台完全可编程计算机的第一人，但由于技术条件和经费限制，以及无法忍耐对设计不停的修补，这台计算机在他有生之年始终未能问世。约到 19 世纪晚期，许多后来被证明对计算机科学有着重大意义的技术相继出现，包括打孔卡片以及真空管。赫尔曼·何乐礼设计了一台制表用的机器，基本上实现了应用打孔卡片的大规模自动数据处理。这离电子计算机设计又近了一步。

在20世纪前半叶，为了迎合科学计算的需要，许许多多针对单一用途的复杂模拟计算机被研制出来。这些计算机都是用它们所针对的特定问题的机械或电子模型作为计算基础。20世纪三四十年代，计算机的性能逐渐强大并且通用性得到提升，现代计算机的关键设计被不断地加入进来。

克劳德·香农于1937年发表了他的伟大论文《对继电器和开关电路中的符号分析》，文中首次提及数字电子技术的应用。他向人们展示了如何使用开关来实现逻辑和数学运算。此后，他通过研究范内瓦·布什的微分模拟器进一步巩固了他的想法。这是一个标志着二进制电子电路设计和逻辑门应用开始的重要时刻。而作为这些关键思想诞生的先驱，他为一个含有逻辑门电路的设备申请了专利。尼古拉·特斯拉，他早在1898年就曾申请含有逻辑门的电路设备：Lee De Forest。他于1907年用真空管代替了继电器。

沿着这样一条上下求索的漫漫长途去定义所谓的“第一台电子计算机”可谓相当困难。1941年5月12日，Konrad Zuse完成了他的机电共享设备“Z3”，这是第一台具有自动二进制数学计算以及可行的编程功能的计算机，但还不是“电子”计算机。此外，其他值得注意的成就主要有：1941年夏天诞生的Atanasoff-Berry计算机，这是一台具有特定意图的计算机，但它使用了真空管和二进制数值，可复用内存；在英国于

1943年被展示的巨像计算机（Colossus computer），尽管编程能力极其有限，但是它的的确确告诉了人们，使用真空管数，值得信赖又能实现电气化的再编程；哈佛大学的Harvard Mark I；基于二进制的“埃尼爱克”（ENIAC，1944年），这是第一台通用意图的计算机，但由于其结构设计不够弹性化，导致对它的每一次再编程都意味着电气物理线路的再连接。

而这时美国数学家冯·诺依曼最早看到了问题的症结，据此提出了著名的“存储程序控制原理”，从而导致了现代意义下的计算机诞生。计算机的核心部件，除了CPU之外，主要是一个内部存储器。在计算机诞生之时，这个存储器只是为了保存正在被处理的数据——CPU在执行指令时到存储器里把有关的数据提取出来，再把计算得到的结果存回到存储器里去。冯·诺依曼提出的新方案是：应该把程序也存储在存储器里，让CPU自己负责从存储器里提取指令、执行指令，并循环式地执行这两个动作。这就是他的高明之处，解决了重新输入程序的麻烦。这样，计算机在执行程序的过程中，就可以完全摆脱外界的拖累，以自身的速度（电子的速度）自动地运行。这种基本思想就是“存储程序控制原理”，按照这种原理制造出来的计算机就是“存储程序控制计算机”，也被称作“冯·诺依曼计算机”。到目前为止，所有主流计算机都是这种计算机。随着对计算过程和计算机研究的深化，人们也认识到冯·诺依曼计算机的一些缺点，便开展了许多目的在于探索其他计算机模式的研究工作。但是到目前为止，这些工作的成果还远未达到制造出在性能、价格、通用性、易用等方面能够与冯·诺依曼计算机匹敌的信息处理设备的程度。

开发“埃尼爱克”的小组针对其缺陷又进一步完善了设计，并最终呈现出今天我们所熟知的冯·诺伊曼体系结构（程序存储体系结构）。这个体系是当今所有计算机的基础。20世纪40年代中晚期，大批基于此一体系的计算机开始被研制，其中以英国最早。尽管第一台研制完成并投入运行的是“小规模试验机”，但真正被开发出来的实用机很可能是EDSAC。

通过大量的实践，美国宾夕法尼亚大学研制的人类历史上真正意义的第一台电子计算机诞生了，它占地170平方米，功率150千瓦，造价48万美元，每秒可执行5000次加法或400次乘法运算，共使用了18000个电子管。真可谓一个庞然大物！

在整个20世纪50年代，真空管计算机居于统治地位。到了60年代，晶体管计算机将取而代之。晶体管体积更小、速度更快、价格更加低廉、性能更加可靠，这使得它们可以被商品化生产。到了70年代，集成电路技术的引入极大地降低了计算机生产成本，计算机也从此开始走向千家万户。

尽管计算机技术自20世纪40年代第一台电子通用计算机诞生以来有了令人目眩的飞速发展，但是今天的计算机基本上采用的仍然是存储程序结构，即冯·诺伊曼体系结构。

存储程序结构将一台计算机描述成四个主要部分：算术逻辑单元（ALU）、控制电路、存储器以及输入输出设备（I/O）。这些部件通过一组一组的排线连接（特别地，当一组线被用于多种不同意图的数据传输时又被称为总线），并且由一个时钟来驱动（当然某些其他事件也可能驱动控制电路）。

从概念上讲，一部计算机的存储器可以被视为一组“细胞”单元。每一个“细胞”都有一个编号，称为地址；又都可以存储一个较小的定长信息。这个信息既可以是指令（告诉计算机去做什么），也可以是数据（指令的处理对象）。

算术逻辑单元（ALU）可以被称作计算机的大脑。它可以做两类运算：第一类是算术运算，比如对两个数字进行加减法。算术运算部件的功能在 ALU 中是十分有限的——事实上，一些 ALU 根本不支持电路级的乘法和除法运算（使用者只能通过编程进行乘除法运算）。第二类是比较运算，即给定两个数，ALU 对其进行比较以确定哪个更大一些。

输入输出系统是计算机从外部世界接收信息和向外部世界反馈运算结果的手段。对于一台标准的个人电脑，输入设备主要有键盘和鼠标，输出设备则是显示器、打印机以及其他许多后文将要讨论的可连接到计算机上的 I/O 设备。

控制系统将以上计算机各部分联系起来。它的功能是从存储器和输入输出设备中读取指令和数据，对指令进行解码，并向 ALU 交付符合指令要求的正确输入，告知 ALU 对这些数据做哪些运算并将结果数据返回到何处。控制系统中一个重要组件就是用来保持跟踪当前指令所在地址的计数器。通常这个计数器随着指令的执行而累加，但有时如果指令指示进行跳转，则不依此规则。

20 世纪 80 年代以来 ALU 和控制单元（二者合称中央处理器，即 CPU）逐渐被整合到一块集成电路上，称作微处理器。这类计算机的工作模式十分直观：在一个时钟周期内，计算机先从存储器中获取指令和

数据，然后执行指令、存储数据，再获取下一条指令。这个过程被反复执行，直至得到一个终止指令。

由控制器解释、运算器执行的指令集是一个精心定义的数目十分有限的简单指令集合。一般可以分为四类：

（1）数据移动（如将一个数值从存储单元A拷贝到存储单元B）。

（2）数逻运算（如计算存储单元A与存储单元B之和，结果返回存储单元C）。

（3）条件验证（如果存储单元A内数值为100，则下一条指令地址为存储单元F）。

（4）指令序列改易（如下一条指令地址为存储单元F）。

指令如同数据一样在计算机内部是以二进制来表示的。比如说，10110000就是一条Intel x86系列微处理器的拷贝指令代码。某一个计算机所支持的指令集就是该计算机的机器语言。因此，使用流行的机器语言将会使既成软件在一台新计算机上运行得更加容易。所以对于那些商业化软件开发的人来说，他们通常只会关注一种或几种不同的机器语言。

从 1970 年以后，集成电路得以迅猛发展，这就加强了小型计算机的发展。大型计算机和服务器可能会有所不同，它们通常将任务分担给不同的 CPU 来执行。然而今天，微处理器和多核个人电脑也在朝这个方向发展，其目的就是提高计算机处理的效率。

超级计算机通常有着与基本的存储程序计算机显著区别的体系结构。它们通常有数以千计的 CPU，不过这些设计只对特定任务有用。在各种计算机中，还有一些微控制器采用令程序和数据分离的哈佛体系结构（Harvard architecture），这将更加有效地提高计算机的效率。

## 二、电子计算机的工作原理

电子计算机是如何开展工作的呢？

电子计算机（以下简称计算机）是一种根据一系列指令来对数据进行处理的机器，俗称“电脑”。

计算机在运行时，先从内存中取出第一条指令，通过控制器的译码，按指令的要求，从存储器中取出数据进行指定的运算和逻辑操作等加工，然后再按地址把结果送到内存中去。接下来，再取出第二条指令，在控制器的指挥下完成规定操作。依此进行下去，直至遇到停止指令。程序与数据一样存取。按程序编排的顺序，一步一步地取出指令，自动地完成指令规定的操作是计算机最基本的工作原理，这一原理最初是由美籍匈牙利数学家冯·诺依曼于 1945 年提出来的，故称为冯·诺依曼原理。冯·诺依曼体系结构计算机的工作原理可以概括为八个字：存储程序、程序控制。

存储程序——将解题的步骤编成程序（通常由若干指令组成），并把程序存放在计算机的存储器中（指主存或内存）。

程序控制——从计算机主存中读出指令并送到计算机的控制器，控制器根据当前指令的功能，控制全机执行指令规定的操作，完成指令的功能；重复这一操作，直到程序中指令执行完毕。

计算机根据人们预定的安排，自动地进行数据的快速计算和加工处理，其速度是人们无法想象的（电子速度）。人们预定的安排是通过一连串指令（操作者的命令）来表达的，这个指令序列就称为程序。一个指令规定计算机执行一个基本操作。一个程序规定计算机完成一个完整的任务。一台计算机所能识别的一组不同指令的集合，称为该种计算机的指令集合或指令系统。微机的指令系统，主要使用了单地址和二地址指令，其中，第 1 个字节是操作码，规定计算机要执行的基本操作；第 2 个字节是操作数。计算机指令包括以下类型：数据处理指令（加、减、乘、除等）、数据传送指令、程序控制指令、状态管理指令。整个内存被分成若干个存储单元，每个存储单元一般可存放 8 位二进制数（字节编址）。每个在位单元可以存放数据或程序代码，为了能有效地存取该单元内存储的内容，每个单元都给出了一个唯一的编号标识，即地址。

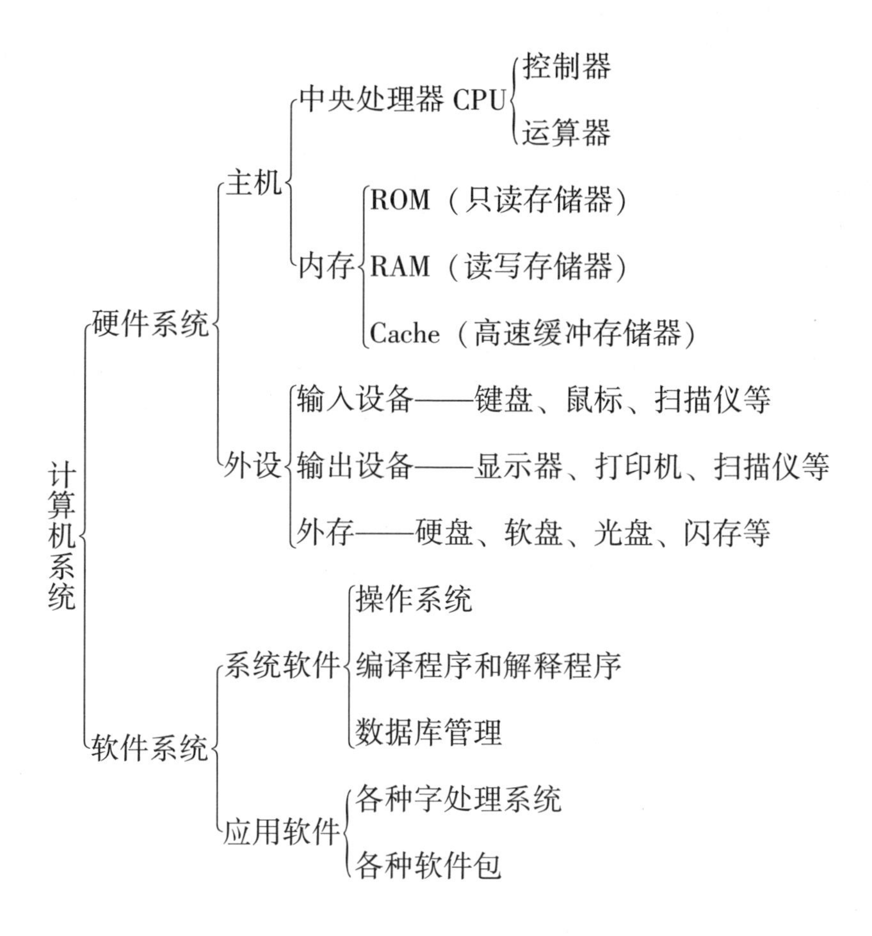


计算机种类繁多。实际来看，计算机总体上是处理信息的工具。根据图灵机理论，一部具有最基本功能的计算机应当也能够完成任何其他计算机能做的事情。因此，只要不考虑时间和存储因素，从个人计算机（PDA）到超级计算机都应该可以完成同样的作业。因此即使是设计完全相同的计算机，只要经过相应改装，就应该可以被用于从公司薪金管理到无人驾驶飞船操控在内的各种任务。由于科技的飞速进步，下一代计算机总是在性能上能够显著地超过其前一代，这一现象有时被称作“摩尔定律”。

## 三、计算机的分类

计算机按规模可划分为：巨型机、大型机、中小型机、微型机和工作站等。所谓计算机规模主要指计算机的速度、容量和功能。

（一）计算机按信息的形式和处理方式可分类为：

1. 电子数字计算机：所有信息以二进制数表示。

2. 电子模拟计算机：内部形式为连续变化的模拟电压，基本运算部件为运算放大器。

3. 混合式电子计算机：既有数字量又能表示模拟量，设计比较困难。

（二）计算机按用途可分类为：

1. 通用机：适用于各种应用场合，功能齐全、通用性好的计算机。

2. 专用机：为解决某种特定问题专门设计的计算机，如工业控制机、银行专用机、超级市场收银机（POS）等。

（三）若按计算机所采用的微电子器件的发展，可以将电子计算机分成以下六代。

1. 第一代计算机（1946~1959年）。

第一代是电子管计算机，运算速度慢，内存容量小，使用机器语言和汇编语言编写程序。主要用于军事和科研部门的科学计算。

2. 第二代计算机（1959~1964年）。

第二代是晶体管计算机，其主要特征是采用晶体管作为开关元件，使计算机的可靠性得到提高，而且体积大大缩小，运算速度加快，其外

部设备和软件也越来越多，并且高级程序设计语言应运而生。

3. 第三代计算机（1964~1975 年）。

第三代计算机是小规模集成电路和中规模集成电路计算机，它是以集成电路作为基础元件。这是微电子与计算机技术相结合的一大突破，并且有了操作系统。这是计算机飞速发展最关键的一步。

4. 第四代计算机（1975~1990 年）。

第四代计算机是大规模集成电路计算机。由于电子产品高速发展，超大集成电路越来越小型化，制造成本大大降低，电脑就可以走进老百姓的日常生活。

5. 第五代计算机（1990~2005 年）。

第五代计算机是超大规模集成电路计算机，其主要标志有两个：一个是单片集成电路规模达 100 万个晶体管以上；另一个是超标量技术的成熟和广泛应用。

6. 第六代计算机（2005 年以后）。

第六代计算机是极大规模集成电路计算机，单片集成电路规模可达一亿到十亿个晶体管（甚至更高）。它拥有多个 CPU，又称多核电子计算机，这给智能化提供了坚实基础。有的计算机专家也将第四、第五、第六代计算机统称为第四代计算机。

计算机的全名应该叫“通用电子数字计算机”。这个名称说明了计算机的许多性质。“通用”说明计算机不是一种专用设备。我们可以把它与电话做一个比较。电话只能作为一种通信工具，别无他用。而计算机不仅可以作为计算根据，只要有合适的软件，它也可以作为通信工具使用，还能有无穷无尽的其他用途。“电子”是计算机硬件实现的物理基础，计算机是非常复杂的电子设备，计算机的运行最终都是通过电子电路中的电流、电位等实现的。“数字化”是计算机一切处理工作的信息表示基础。在计算机里，一切信息都是采用数字化的形式表示的，无论它原本是什么。无论是数值、文字，还是图形、声音等，在计算机里都统一到二进制的数字化表示上，也就是说任何东西在计算机上都有一个相对应的二进制数码，计算机只识别二进制数码（0，1）。数字化是计算机的一种基本特征，也是计算机通用性的一个重要基础。计算机能够完成的基本动作不过就是数的加减乘除一类非常简单的计算动作。但是，它在程序的指挥下，以电子的速度运算，就可以在一瞬间完成数以万亿计的基本动作。

我们在计算机的外部看到的是这些动作的综合效果。从这个意义上看，计算机硬件本身并没有多少了不起的东西，唯一了不起的就是它能按照指挥行事，做得快。实际上，更了不起的东西是程序、是软件，每个程序或软件都是特殊的，是针对面临的问题专门设计的东西。目前对计算机的另一种流行称呼是“电脑”，这是从香港、台湾传播开来的一个译名，目前使用很广泛。实际上这个名称并不合适，很容易把人的理解引到错误的方向（或许这正是一些人有意无意的目的）。我们从来不把原始人用于打树上果子的木棍称为“木手”，也不把火车称为“铁脚”。因为无论是木棍还是火车，虽然各有其专门用途方面的力量，各有其“长处”，但它们都只能在人手脚功能中很窄的一个方面有用，与手脚功能的普适性是根本无法相提并论的。同样，计算机能帮助人完成的也仅仅是那些能够转化为计算问题的事项，与人脑的作用范围和能力相比，计算机的应用范围也是小巫见大巫了。计算机的核心处理部件是 CPU（Central Processing Unit，中央处理器）。目前各类计算机的 CPU 都是采用半导体集成电路技术制造的，它虽然不大，但其内部结构却极端复杂。CPU 的基础材料是一块不到指甲盖大小的硅片，通过复杂的工艺，人们在这样的硅片上制造了数以百万、千万计的微小半导体元件。从功能看，CPU 能够执行一组操作，例如取得一个数据，由一个或几个数据计算出另一个结果（如做加减乘除等），送出一个数据等。与每个动作相对应的是一条指令，CPU 接收到一条指令就去做对应的动作。一系列的指令就形成了一个程序，能使 CPU 完成一系列动作，从而完成一件复杂的工作。在计算机诞生之时，指挥 CPU 完成工作的程序还放在计算机之外，通常表现为一沓打了孔的卡片。计算机在工作中自动地一张张读卡片，读一张就去完成一个动作。实际读卡片的事由一台读卡机完成（有趣的是，IBM 就是制造读卡机起家的)。采用这种方式，计算机的工作速度必然要受到机械式读卡机的限制，不可能很快。

# 第十二节　世界上最伟大的九个公式

伟大的公式不仅仅是数学家和物理学家的智慧结晶，更是人类文明的集中体现。每一个公式都深深促进了人类社会的变革，甚至塑造了人类的思想。下列公式中有些你很熟悉，有些你也许不那么熟悉。我们有必要了解这些公式，了解人类的思想历程。

## 一、麦克斯韦方程组

创立者：詹姆斯·克拉克·麦克斯韦

意义：将电场和磁场有机地统一成完整的电磁场，并创立了电磁场理论。而没有电磁学理论，就不会有现在的社会文明。

$$\begin{cases} \oint_s \vec{D} \cdot d\vec{S} = \int_v \rho dV \\ \oint_s \vec{B} \cdot d\vec{S} = 0 \\ \oint_L \vec{E} \cdot d\vec{l} = -\dfrac{d\Phi_m}{dt} \\ \oint_L \vec{H} \cdot d\vec{l} = \sum I + \dfrac{d\Phi_D}{dt} \end{cases}$$

詹姆斯·克拉克·麦克斯韦

## 二、欧拉公式

创立者：莱昂哈德·欧拉

意义：数学领域许多公式都是欧拉发现的，因此欧拉公式并不是某单一的公式，欧拉公式广泛分布于数学的各个分支中。瑞士教育与研究国务秘书 Charles Kleiber 曾表示："没有欧拉的众多科学发现，今天的我们将过着完全不一样的生活。"法国数学家拉普拉斯则认为：读读欧拉，他是所有人的老师。

$$\frac{a^r}{(a-b)(a-c)}+\frac{b^r}{(b-c)(b-a)}+\frac{c^r}{(c-a)(c-b)}$$

当 $r=0$，1 时式子的值为 0，

当 $r=2$ 时值为 1，

当 $r=3$ 时值为 $a+b+c$。

·在复分析领域的欧拉公式为

对于任意实数 $x$，存在：

$$e^{ix}=\cos x+i\sin x$$

当 $x=\pi$ 时，欧拉公式的特殊形式为 $e^{i\pi}+1=0$。（参见欧拉恒等式）

莱昂哈德·欧拉

· 在几何学和代数拓扑学方面，欧拉公式的形式为

对于一个拥有 $F$ 个面、$V$ 个顶角和 $E$ 条棱（边）的单连通多面体，必存在 $F+V-E=2$。（参见欧拉示性数）

## 三、牛顿第二定律

创立者：艾萨克·牛顿

意义：牛顿第二定律是经典物理学的核心，它适用于我们日常生活的方方面面。没有牛顿，人类文明会在黑暗中摸索更长的时间。

公式

$$\sum F=ma$$

艾萨克·牛顿

## 四、勾股定理

创立者：毕达哥拉斯（也有学者认为我国商代就已经出现勾股定理并加以证明）

意义：勾股定理是用数学方法解决图形问题的典型方法，目前有400多种证明形式。

毕达哥拉斯

## 五、质能方程

创立者：阿尔伯特·爱因斯坦

意义：质能方程深刻地揭示了质量与能量之间的关系。在此之前，人们一直认为质量是质量，能量是能量，两者没有联系。正是质能方程的发现才有了原子弹、氢弹的产生。这个方程更重要的是彻底颠覆了人类固有思维，促进了人类文明的进步。

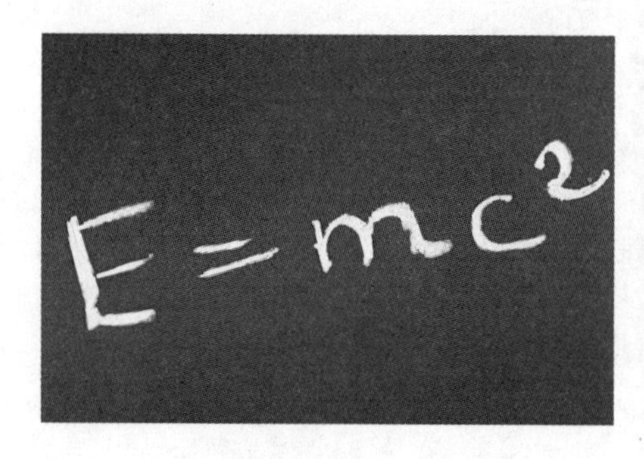

阿尔伯特·爱因斯坦

## 六、薛定谔方程

创立者：埃尔温·薛定谔

意义：在量子力学中描述物体的状态不能像经典力学中一样用位移、速度等概念，而只能用一个物理量的函数来描述。这个物理量也不再是某个确定的值，而是一个随时间分布的概率。每一个微观系统都有相应的薛定谔方程。薛定谔方程在量子力学中的意义堪比牛顿第二定律在经典力学中的意义。

一维薛定谔方程：

$$-\frac{\hbar^2}{2\mu}\frac{\partial^2\Psi(x,t)}{\partial x^2}+U(x,t)\Psi(x,t)=i\hbar\frac{\partial\Psi(x,t)}{\partial t}$$

三维薛定谔方程：

$$-\frac{\hbar^2}{2\mu}\left(\frac{\partial^2\Psi}{\partial x^2}+\frac{\partial^2\Psi}{\partial y^2}+\frac{\partial^2\Psi}{\partial z^2}\right)+U(x,y,z)\Psi=i\hbar\frac{\partial\Psi}{\partial t}$$

定态薛定谔方程：

$$-\frac{\hbar^2}{2\mu}\nabla^2\Psi+U\Psi=E\Psi$$

埃尔温·薛定谔

## 七、德布罗意方程组

路易·维克多·德布罗意

创立者：路易·维克多·德布罗意

意义：德布罗意认为，任何物质既有粒子性，又有波动性（即“波粒二象性”）。人不但是作为一种物质存在，某种意义上也是一种波。

$$p=hk$$

$$E=hw$$

## 八、傅里叶变换

让·巴普蒂斯·约瑟夫·傅里叶

创立者：让·巴普蒂斯·约瑟夫·傅里叶

意义：任何不规则的信号都可以表示为规则的正弦波无限叠加。它是数字信号处理领域的重要方法。

$$F(\omega)=F[f(t)]=\int_{-\infty}^{\infty}f(t)e^{-iwt}dt$$

## 九、圆的周长公式　$C = 2\pi r$

创立者：人类

意义：自然界之美的数学表达。

## 第十三节　非欧几何三个创始人的故事

不是欧氏（欧几里得）几何的几何学统称非欧几何（又叫双曲面几何）。众所周知，欧氏几何第五公设用等价公理说："过一直线外点，只能作一直线与已知直线平行。"（简称第五公设或平行线理论）

许多人认为欧氏把它当作公设，但欧氏找不到这个命题的证明，这被认为是欧氏几何的污点。从公元前 3 世纪到公元 19 世纪初这两千多年间，许多数学家呕心沥血，付出了很多努力，都试图证明第五公设，企图把它变为定理，但均以失败告终。到了 19 世纪 20 年代，德国的黎曼、俄国的罗巴契夫斯基和匈牙利的波尔约几乎同时提出了非欧几何的思想，创立了非欧几何。

下面我们来介绍这三位数学家发现非欧几何的故事。

### 一、波尔约

波尔约（J. Bolyai，1802—1860）是匈牙利数学家，在读大学期间就研究欧氏几何第五公设（平行线理论），很快发现将此公设证明为定理是不可能的。波尔约的父亲终身研究第五公设失败未果，他便写信劝阻儿子波尔约不要研究此题。在一封信中，他说："老天爷啊！希望你放弃这个问题。因为它会剥夺你的生活的一切时间、健康、休息，一切幸福。”但儿子未理睬父亲，继续研究。后来他把研究成果写成论文，要求在他父亲的著作附录中出版；出版前，他父亲将论文寄给大学同窗学友高斯征求意见。高斯收到论文后非常吃惊，因为高斯在30年以前研究过相关问题，因个性保守怕被指责不敢发表。1832年高斯在回信中说，他对波尔约的工作十分赞许，并说：“称赞他等于称赞自己在30年前开始的工作。”高斯权威的回信不但没有给波尔约带来宽慰，反而伤害了他满怀希望的心，他怀疑高斯在利用自己权威争夺优先权。

后来，波尔约看到罗巴契夫斯基的著作与自己的工作很相似时，就更加生气了。从此，他的性情变得孤僻了，身体变坏了，并且再也不去研究数学。

年轻波尔约的成果得不到父亲、老师和高斯的支持。

后来因车祸受伤，波尔约被军队当作残疾军官遣返回家，社会上也不知道他是非欧几何创立者之一。

回家后，因贫穷和疾病，加上学术上与父亲观点不合，波尔约被父亲驱逐到偏僻的地方独居。他在这里又受到各种各样的社会欺凌和打击，本要与女友结婚，因没有钱，教堂不为他办理登记手续，因此他始终独身一人，消沉地生活。

1860年，波尔约在贫病中去世，安葬时只有三个人出席。就这样一位追求真理的年轻人消失了。但他敢于发表与欧氏几何不同的理论，他向科学高峰攀登、披荆斩棘、不畏艰险的精神永远令人佩服。波尔约死后34年，即1894年，匈牙利数学协会崇敬这位非欧几何创始人的功绩，在他墓前树立了石像。1960 年，世界和平理事会举办了他去世百年的纪念活动，建议设立波尔约数学奖，并把他的论文列入世界一流科学经典。

## 二、罗巴契夫斯基

罗巴契夫斯基（ Nikolai lobatchevsky，1792—1856）生于俄国高尔基城。1807 年考入喀山大学，毕业后留校任教，很早就从事欧氏几何第五公设的证明。后来他认识到用欧氏其他公理证明第五公设是不可能的，但保留欧氏其他公理公设，而换以与第五公设相反的命题“过平面上直线外点，至少可以作两条直线与原直线不相交”（等价地说，过平面上直线外一点，至少可以作两条或无数条平行线），却可以从这推导出系列与欧氏几何完全不同的命题。

罗巴契夫斯基得到了一个全新的几何体系，他在 1826 年 2 月 23 日的喀山大学数学物理系大会上宣读了他划时代的论文《几何原理概述及平行线定理的严格证明》。为了纪念罗氏的功绩，后人把这一天定为非欧几何的诞生日，并称这种几何为罗氏非欧几何。

可罗氏的新几何思想不但没有受人重视，相反还招来讥笑。罗氏为了捍卫真理，到 1850 年止，先后发表了《论几何基础》《具有平行的完全理论的几何新基础》及《泛几何学》等著作，阐述他的新几何。特别是最后一本著作是在他双目失明的情况下完成的，著作出版一年后（1856 年）他便与世长辞。

罗氏的非欧几何，被誉为“几何学上的哥白尼”，动摇了欧氏“神圣不可侵犯”的基础，大主教宣布其理论为邪说，杂志上骂他是疯子。连不懂几何的德国大诗人歌德，在其名著《浮士德》中也嘲笑：“有几何兮，名目非欧，自己嘲笑，莫名其妙。”

历史是面镜子，本来几位数学家都发现了非欧几何，但高斯因保守而不发表，波尔约受打击而终生消沉；对比之下，唯有罗氏坚持宣传新几何的精神令人敬佩。

## 三、黎曼

德国数学家黎曼（G. F. B. Riemann，1826—1866），把欧氏三维空间推到 $n$ 维空间从而得到新几何学，后世称“黎曼几何”。黎曼兄弟姐妹6人，家境清贫却十分和睦。他6岁读小学，数学天才开始崭露头角，解题能力比老师都强。14岁读大学预科，19岁入哥廷根大学，一年后去柏林学习，认识了当时许多著名数学家，如雅可比、狄利克雷等。三年后的1850年黎曼回到哥廷根大学，在高斯指导下研究数论。1854年（28岁）为了评得哥廷根大学无国家报酬、由听课学生付酬的讲师职称，黎曼向学校递交了《在几何学基础上的假设》论文，开始陈述他的几何思想。此论文除高斯（指导教师）外，没有第二个人能看得懂。高斯对其评价极高。

黎曼在数学上留下的论文，只够出一卷书。但其博大的思想是后人取之不尽的源泉，在涉猎的一切领域他都提出了一些独创性见解，爱因斯坦后来的广义相对论就是以黎曼几何学为基础的。

虽然黎曼成就很大，但他生活贫困，全家8口人，仅靠他一人挣钱养活。他是一名编外讲师，经济收入不稳定，当上副教授那年，仍担负着4个妹妹的生活费用。

黎曼36岁才结婚，之后有了一个可爱的女儿，但因生活困难，工作劳累，黎曼的身体很差，婚后不到一个月便得胸膜炎（又说肺结核），被迫停止工作去意大利疗养；由于手头拮据，没有痊愈就又返回哥廷根上课挣钱养家糊口，结果旧病复发，病情加重。当他第三次到意大利疗养时，他终于败在病魔手下。他带着对妻儿和妹妹的眷恋，带着对未竟事业的遗憾，走完人生40个春秋，过早地离开了人间，至今，以他命名的数学术语有10多条，如“黎曼曲面”“黎曼映射定理”“黎曼函数”“黎曼几何”等。

# 第二章　数学四个阶段

导读：在人类的知识宝库中有三大类科学，即自然科学、社会科学、和思维科学。自然科学又分为数学、物理学、化学、天文学、地理学、生物学、工程学、农学、医学等学科。数学是自然科学的一种，是其他学科的基础和工具。在世界上的几百卷百科全书中，它通常是处于第一卷的地位。这进一步说明了数学的重要性！

从本质上看，数学是研究现实世界的数量关系与空间形式的科学。或简单讲，数学是研究数与形的科学。对这里的数与形应作广义的理解，它们随着数学的发展，而不断取得新的内容、不断扩大着内涵。

数学来源于人类的生产实践活动，即来源于人类早期的捕获猎物和分配猎物、丈量土地和测量容积、计算时间和制造器皿等诸多的实践，并随着人类社会生产力的发展而发展。对于非数学专业的人们来讲，可以从四个大的发展时期来大致了解数学的发展。

## 第一节　初等数学时期（远古至1650年）

初等数学时期是指从人类原始时代到17世纪中叶，这期间数学研究的主要对象是常数、常量和不变的图形。

在这一时期，数学经过漫长时间的萌芽阶段，在社会生产的基础上积累了丰富的有关数和形的感性知识。到了公元前6世纪，希腊几何学的出现成为第一个转折点，数学从此由具体的、试验的阶段，过渡到抽象的、理论的阶段，开始创立初等数学。此后又经过不断的发展和交流，最后形成了几何、算术、代数、三角等独立学科。这一时期的成果可以用“初等数学”（即常量数学）来概括，它大致相当于现在中小学数学课的主要内容。

世界上最古老的几个国家都位于大河流域：黄河流域的中国、尼罗河下游的埃及、幼发拉底河与底格里斯河的巴比伦国、印度河与恒河的印度。这些国家都是在农业的基础上发展起来的，从事耕作的人们日出而作、日落而息，因此他们就必须掌握四季气候变迁的规律。游牧民族的迁徙，也要辨清方向：白天以太阳为指南，晚上以星月为向导。因此，在世界各民族文化发展的过程中，天文学总是发展较早的科学，而天文学又推动了数学的发展。

随着生产实践的需要，大约在公元前3000年，四大文明古国——巴比伦、埃及、中国、印度都同时出现了萌芽数学。

## 一、古巴比伦数学

对于古巴比伦数学的了解主要是根据巴比伦泥版，这些泥版是在胶泥还软的时候刻上字，然后晒干制成的（早期是一种断面呈三角形的“笔”在泥版上按不同方向刻出楔形刻痕，叫楔形文字）。

已经发现的泥版上面载有数字表（约 200 件）和一批数学问题（约 100 件），大致可以分为三组。第一组大约创制于公元前 2100 年，第二组大约从公元前 1792 年到公元前 1600 年，第三组大约从公元前 600 年到公元 300 年。

这些泥版表明，巴比伦自公元前 2000 年左右即开始使用 60 进位制的记数法进行较复杂的计算了，并出现了 60 进位的分数，用与整数同样的法则进行计算；已经有了关于倒数、乘法、平方、立方、平方根、立方根的数表；借助于倒数表，除法常转化为乘法进行计算。公元前 300 年左右，巴比伦人已得到 60 进位的达 17 位的大数；一些应用问题的解法，表明他们已具有解一次、二次（个别甚至有三次、四次）数字方程的经验公式；会计算简单直边形的面积和简单立体的体积，并且可能知道勾股定理的一般形式。巴比伦人对于天文、历法很有研究，因而算术和代数比较发达。可见，当时的巴比伦数学发展得相当可观。古巴比伦数学具有算术和代数的特征，几何只是表达代数问题的一种方法。这时还没有产生数学的系统理论。

## 二、古埃及数学

人们对古代埃及数学的了解，主要是根据两卷纸草书。纸草是尼罗河下游的一种植物，把它的茎制成薄片压平后，可用“墨水”写上文字(最早的是象形文字)。同时把许多张纸草纸粘在一起连成长幅，卷在杆上，形成卷轴。已经发现的一卷约写于公元前1850年，包含25个问题(叫“莫斯科纸草文书”，现存莫斯科)；另一卷约写于公元前1650年，包含85个问题（叫“莱因德纸草文书”，是英国人莱因德于1858年发现的)。

古埃及的纸草书

从这两卷文献中可以看到，古埃及是采用10进位制的记数法，但不是位值制，而是所谓的“累积法”。正整数运算基于加法，乘法是通过屡次相加的方法运算的。除了几个特殊分数之外，所有分数均极化为分子是一的“单位分数”之和，分数的运算独特而又复杂。许多问题是求解未知数，而且多数是相当于现在一元一次方程的应用题。利用了三边比为3∶4∶5的三角形测量直角。

埃及人的数学兴趣是测量土地，几何问题多是讲度量法的，涉及田地的面积、谷仓的容积和有关金字塔的简易计算法。但是由于这些计算法是为了解决尼罗河泛滥后土地测量和谷物分配、容量计算等日常生活中必须解决的课题而设想出来的，因此并没有出现对公式、定理、证明加以理论推导的倾向。古埃及数学的另一个主要用途是天文研究，也在研究天文中得到了发展。

## 三、古希腊数学

由于地理位置和自然条件，古希腊受到埃及、巴比伦这些文明古国的许多影响，成为欧洲最先创造文明的地区。它吸收了这两大文明古国的优良传统，并加以改进。这是数学进步重要的里程碑！在公元前775年左右，希腊人把他们用过的各种象形文字书写系统改换成腓尼基人的拼音字母后，文字变得容易掌握，书写也简便多了。因此希腊人更有能力来记载他们的历史和思想，发展他们的文化了。古代西方世界的各条知识支流在希腊汇合起来，经过古希腊哲学家和数学家的过滤和澄清，形成了长达千年的灿烂的古希腊文化。从公元前6世纪到公元4世纪，古希腊成了数学发展的中心。

古希腊数学大体可以分为两个时期。

第一个时期开始于公元前6世纪，结束于公元前4世纪，通称为古典时期，也是当时的数学鼎盛时期。泰勒斯成为希腊数学家第一人，被称为“科学和哲学之祖”。泰勒斯开始了命题的逻辑证明；毕达哥拉斯学派对比例论、数论等所谓“几何化代数”做了研究，据说非通约量也是由这个学派发现的。进入公元前5世纪，爱利亚学派的芝诺提出了四个关于运动的悖论；研究“圆化方”的希波克拉茨开始编辑《原本》。从此，有许多学者研究“三大问题”，有的试图用“穷竭法”去解决化圆为方的问题。柏拉图强调几何对培养逻辑思维能力的重要作用；亚里士多德建立了形式逻辑，并且把它作为证明的工具；德谟克利特把几何量看成是由许多不可再分的原子所构成的。

公元前4世纪，泰埃特托斯研究了无理量理论和正多面体理论，欧多克斯完成了适用于各种量的一般比例论。“证明数学”的形成是这一时期希腊数学的重要内容。但遗憾的是这一时期并没有留下较为完整的数学书稿。

第二个时期自公元前4世纪末至公元1世纪，这时的学术中心从雅典转移到了亚历山大里亚，因此被称为亚历山大里亚时期。这一时期有许多水平很高的数学书稿问世，并一直流传到了现在。这个时期形成的数学书稿，已经成为世界文明极为珍贵的宝藏，对后世科学发展起到至关重要的作用。

公元前3世纪，欧几里得写出了平面几何、比例论、数论、无理量论、立体几何的集大成著作《几何原本》，第一次把几何学建立在演绎体系上，成为数学史乃至思想史上一部划时代的名著。遗憾的是，人们对欧几里得的生活和性格知道得很少，甚至连他的生卒年月和地点都不清楚。他大约生于公元前330年，很可能在雅典的柏拉图学园受过数学训练，后来成为亚历山大里亚大学（约建成于公元前300年）的数学教授和亚历山大数学学派的奠基人。

欧几里得——欧氏几何创始人

之后的阿基米德把抽象的数学理论和具体的工程技术结合起来，根据力学原理去探求几何图形的面积和体积，第一个播下了积分学的种子。阿波罗尼写出了《圆锥曲线》一书，成为后来研究这一问题的基础。公元1世纪的赫伦写出了使用具体数解释求积法的《测量

阿基米德

术》等著作。2 世纪的托勒密完成了到那时为止的数理天文学的集大成著作《数学汇编》，结合天文学研究三角学。3 世纪丢番图著《算术》，论述使用简略号求解不定方程式等问题，它对数学发展的影响仅次于《几何原本》。希腊数学中最突出的三大成就——欧几里得的几何学、阿基米德的穷竭法和阿波罗尼的圆锥曲线论，标志着当时数学的主体部分——算术、代数、几何基本上已经建立起来了。

罗马人征服了希腊，也摧毁了希腊的文化。公元前 47 年，罗马人焚毁了亚历山大里亚图书馆，两个半世纪以来收集的藏书和 50 万份手稿竟被付之一炬。基督教徒又焚毁了塞劳毕斯神庙，大约 30 万种手稿被焚。公元 640 年，回教徒征服埃及，残留的书籍被阿拉伯征服者欧默下令焚毁。由于外族入侵和古希腊后期数学本身缺少活力，希腊数学衰落了。侵略者的焚烧，使得人类刚刚建立起来的知识体系付之东流，从此西方数学跌入低谷。

从 5 世纪到 15 世纪，数学发展的中心转移到了东方的印度、中亚细亚、阿拉伯国家和中国。在这 1000 多年时间里，数学主要是由于计算的需要，特别是由于天文学的需要而得到迅速发展。和以前的希腊数学家大多数是哲学家不同，东方的数学家大多数是天文学家。从公元 6 世纪到 17 世纪初，初等数学在各个地区之间交流，并且取得了重大进展。

古希腊的数学看重抽象、逻辑和理论，强调数学是认识自然的工具，重点是几何；而古代中国和印度的数学看重具体、经验和应用，强调数学是支配自然的工具，重点是算术和代数。大约在公元前 1000 年，印度的数学家戈涅西已经知道：圆的面积等于以它的半周长为底，以它的半径为高的矩形的面积。

印度早期的一些数学成就是与宗教教仪一同流传下来的，这包括勾股定理和用单位分数表示某些近似值（公元前6世纪）。公元前500年左右，波斯王征服了印度一部分土地，后来的印度数学就受到了外国的影响。数学作为一门学科确立和发展起来，还是在作为吠陀辅学的历法学受到天文学的影响之后的事。印度数学受婆罗门教的影响很大，此外还受希腊、中国和近东数学的影响，特别是受中国的影响最大。

## 四、古中国数学

据中国战国时尸佼著的《尸子》记载："古者，倕（注：传说为黄帝或尧时人）为规、矩、准、绳，使天下仿焉。"这相当于在公元前2500年前，已有"圆、方、平、直"等形的概念。中国殷代甲骨卜辞记录已有十进制记数，最大数字是三万。

约公元前1世纪，中国的《周髀算经》发表。其中阐述了"盖天说"和四分历法，使用了分数算法和开方法等。公元前1世纪，《大戴礼》记载，中国古代有象征吉祥的河图洛书纵横图，即为"九宫算"，这被认为是现代"组合数学"最古老的发现。

刘徽之所以被认为是世界上知名的大数学家，是以他的学术成就为依据的。通常对一部书作注，其手法无非是考证、解释、校讹，属于一般层次；更进一步的注则能针对书的内容进行分析、评点，提出注者一己之见。刘徽为《九章算术》所作注已超越以上两种注家手法。他通过大胆的创新，提出了独到的见解。不仅如此，还用谨慎的逻辑推理对特殊的数学概念进行了描述。

在极限思想中萌动着微积分，这的确是伟大的发现。刘徽的成果并非一枝独秀，实际上，在他之前约500年，古希腊数学家阿基米德已有类似的贡献夺步在先。

刘徽与阿基米德在极限思想上的默契是相当动人和饶有兴味的，可以说是“心有灵犀一点通”。在苦求圆周率的讨论中，他们俱各历尽艰辛，最终却都会聚到应用无限分割的原理这一点上来，可以说是不谋而合。不过，在具体做法上，两人各有自己的特点，其技巧各有千秋，素为历代数学家所叹服。

继西汉张苍、耿寿昌删补校订之后，东汉时纂编成的《九章算术》，是中国最古老的数学专著，收集了246个问题的解法。公元1世纪左右，《球学》发表，其中包括球的几何学，并附有球面三角形的讨论（古希腊 梅内劳）。公元1世纪左右，关于几何学、计算的和力学科目的百科全书也诞生了。在其中的《度量论》中，记载以几何形式推算出三角形面积的“希隆公式”。公元3世纪时，古希腊的

刘徽——“东方阿基米德”，著有《九章算术》

丢番图写成代数著作《算术》共十三卷，其中六卷保留至今，书中解出了许多定和不定方程式。我国魏晋时期《勾股圆方图注》中列出了关于直角三角形三边之间关系的命题共21条（中国 赵爽）。同样在魏晋时期，刘徽发明“割圆术”，得π=3.1416。《海岛算经》中论述了有关测量和计算海岛的距离、高度的方法（中国 刘徽）。公元4世纪时，几何学著作《数学集成》问世，是研究古希腊数学的手册（古希腊 帕普斯）。

公元5世纪，中国人算出了π的近似值到七位小数，比西方早一千多年（中国 祖冲之）。公元5世纪，祖冲之著书研究数学和天文学，其中讨论了一次不定方程式的解法、度量术和三角学等。中国六朝时，提出祖氏定律：若二立体等高处的截面积相等，则二者体积相等（中国 祖暅）。西方直到公元17世纪才发现同一定律，称为卡瓦列利原理。隋代《皇极历法》内，已用“内插法”来计算日、月的正确位置（中国 刘焯）。唐代的《缉古算经》中，解决了大规模土方工程中提出的三次方程求正根的问题（中国 王孝通）。同时，唐代有《“十部算经”注释》。“十部算经”指：《周髀》《九章算术》《海岛算经》《张邱建算经》《五经算术》等（中国 李淳风等）。727年，唐开元年间的《大衍历》中，建立了不等距的内插公式（中国 僧一行）。公元9世纪，阿拉伯人发表《印度计数算法》，使西欧熟悉了十进位制（阿拉伯 阿尔·花剌子模）。

宋朝的《梦溪笔谈》中提出“隙积术”和“会圆术”，开始高阶等差级数的研究（中国 沈括）。宋朝的《黄帝九章算术细草》中，创造了开任意高次幂的“增乘开方法”，列出二项式定理系数表，这是现代“组合数学”的早期发现。后人所称的“杨辉三角”即指此法。

1247年，宋朝的《数书九章》共十八卷，推广了“增乘开方法”，书中提出的联立一次同余式的解法，比西方早570余年（中国 秦九韶）。1248年，宋朝的《测圆海镜》十二卷，是第一部系统论述“天元术”的著作（中国 李治）。1261年，宋朝发表《详解九章算法》，用“垛积术”求出几类高阶等差级数之和（中国 杨辉）。1274年，宋朝发表《乘除通变本末》，叙述“九归”解法，介绍了筹算乘除的各种运算法（中国 杨辉）。1280年，元朝《授时历》用招差法编制日月的方位表（中国 王恂、郭守敬等）。公元14世纪中叶前，中国开始应用珠算盘。1303年，元朝发表《四元玉鉴》三卷，把“天元术”推广为“四元术”（中国 朱世杰）。

## 五、古印度数学

印度在7世纪以前缺乏可考的数学史料。总的说来，萌芽阶段是数学发展过程的渐变阶段，积累了最初的、零碎的数学知识。印度数学的全盛时期是在公元5至12世纪之间。在现有的文献中，499年阿耶波多著的天文书《圣使策》的第二章，已开始把数学作为一个学科体系来讨论。628年婆罗门这多（梵藏）著《梵图满手册》，讲解对模式化问题的解法，由基本演算和实用算法组成；讲解正负数、零和方程解法，由一元一次方程、一元二次方程、多元一次方程等组成；已经有了相当于未知数符号的概念，能使用文字进行代数运算。这些都汇集在婆什迦罗1150年的著作中，后来没有很大发展。

印度数学文献是用极简洁的韵文书写的，往往只有计算步骤而没有证明。印度数学书中用10进位记数法进行计算；在天文学书中不用希腊人的“弦”，而向相当于三角函数的方向发展。这两者都随着天文学一起传入了阿拉伯世界；而现行的“阿拉伯数码”就源于印度，应当称为“印度–阿拉伯数码”。

阿拉伯人的祖先是住在现今阿拉伯半岛的游牧民族。他们在穆罕默德的领导下统一起来，并在其死后（632年）不到半个世纪内征服了从印度到西班牙的大片土地，包括北部非洲和南意大利。阿拉伯文明在公元1000年前后达到顶点；在1100年到1300年间，东部阿拉伯世界先被基督教十字军打击削弱，后来又遭到了蒙古人的蹂躏。1492年西部阿拉伯世界被基督教教徒征服，阿拉伯文明被摧毁殆尽。

数学的另一位推手就是阿拉伯。阿拉伯数学指阿拉伯科学繁荣时期

（公元8至15世纪）在阿拉伯语的文献中发现的数学内容。公元7世纪以后，阿拉伯语言不仅是阿拉伯国家的语言，而且成为近东、中东、中亚细亚许多国家的官方语言。阿拉伯数学有三个特点：实践性，与天文学有密切关系，对古典著作做大量的注释。它的表现形式和写文章一样，不用数学符号，连数目也用阿拉伯语的数词书写，而“阿拉伯数字”仅用于实际计算和表格。

对于阿拉伯文化来说，数学是外来的学问，在伊斯兰教创立之前，阿拉伯人只有极简单的计算方法。公元7世纪时，通过波斯传进了印度式计算法。后来阿拉伯人开始翻译欧几里得、阿基米德等人的希腊数学著作。波斯数学家花剌子模编著的《代数学》成为阿拉伯代数学的范例。在翻译时代（大约850年之前）过去之后，是众多数学家表现创造才能著书立说的时代（1200年之前）。梅雅姆、纳速·拉丁、阿尔·卡西等等，使阿拉伯数学在公元11世纪达到顶点。

阿拉伯人改进了印度的计数系统，“代数”的研究对象规定为方程论；让几何从属于代数，不重视证明；引入正切、余切、正割、余割等三角函数，制作精密的三角函数表，发现平面三角与球面三角若干重要的公式，使三角学脱离天文学独立出来。公元1200年之后，阿拉伯数学进入衰退时期。初期的阿拉伯数学在12世纪被译为拉丁文，通过达·芬奇等人传播到西欧，使西欧人重新了解到希腊数学。

## 六、古西欧数学

在西欧的历史上，“中世纪”一般是指从公元5世纪到公元14世纪这一时期。从公元5世纪到公元11世纪这个时期称为欧洲的黑暗时代，除了制定教历外，在数学上没什么成就。公元12世纪成了翻译者的世纪，古代希腊和印度等的数学，通过阿拉伯向西欧传播。公元13世纪前期，数学在一些大学兴起。斐波那契著《算盘书》《几何实用》等书，在算术、初等代数、几何和不定分析方面有独创的内容。公元14世纪黑死病流行，“百年战争”开始，相对的是数学发展的停滞。但这一时期的奥雷斯姆第一次使用了分数指数，还用坐标确定了点的位置。

15世纪欧洲的文艺复兴开始了。随着拜占庭帝国的瓦解，难民们带着希腊文化的财富流入意大利。大约在这个世纪的中叶，受中国人发明的影响，欧洲改进了印刷术，彻底变革了书籍的出版条件，加速了知识的传播。在这个世纪末，哥伦布发现了美洲，不久麦哲伦船队完成了环球航行。在商业、航海、天文学和测量学的影响下，西欧作为初等数学的最后一个发展中心，终于后来居上。

15世纪的数学活动集中在算术、代数和三角方面。缪勒的名著《三角全书》是欧洲人对平面和球面三角学所作的独立于天文学的第一个系统的阐述。

16世纪最壮观的数学成就是塔塔利亚、卡尔达诺、拜别利等发现三次和四次方程的代数解法，接受了负数并使用了虚数。16世纪最伟大的数学家是韦达，他被称为代数学之父、数学符号之父。他写了许多关于三角学、代数学和几何学的著作，其中最著名的《分析方法入门》改进了数学符号，使代数学大为改观。斯蒂文创设了小数。雷提库斯是把三角函数定义为直角三角形的边与边之比的第一个人，他还雇用了一批计算人员，花费12年时间编制了两个著名的、至今尚有用的三角函数表。其中一个是间隔为10´、10位的6种三角函数表，另一个是间隔为10´、15位的正弦函数表。

韦达——代数学之父

由于文艺复兴引起的对教育的兴趣和商业活动的增加，一批普及性的算术读本开始出现。到16世纪末，这样的书不下300种。“+”“-”“=”等符号开始出现。

17世纪初，“对数”的发明是初等数学的一大成就。1614年，耐普尔首创了对数，1624年布里格斯引入了相当于现在的常用对数，计算方法因而向前推进了一大步。

初等数学时期也可以按主要学科的形成和发展分为三个阶段：萌芽阶段，公元前6世纪以前；几何优先阶段，公元前5世纪到公元2世纪；

代数优先阶段，公元 3 世纪到公元 17 世纪前期。至此，初等数学的主体部分——算术、代数与几何已经全部形成，并且发展成熟。

## 第二节　变量数学时期（1650 年至 1820 年）

变量数学时期指从 17 世纪中叶到 19 世纪 20 年代。这一时期数学研究的主要内容是数量的变化及几何变换。这一时期的主要成果是解析几何、微积分、高等代数等学科，它们构成了现代大学数学课程（非数学专业）的主要内容。变量数学也称为动态数学。

十六七世纪，欧洲封建社会开始解体，代之而起的是资本主义社会。资本主义手工业的繁荣和向机器生产的过渡，以及航海、军事等的发展，促使技术科学和数学急速向前发展。原来的初等数学已经不能满足实践的需要，在数学研究中自然而然地就引入了变量与函数的概念，从此数学进入了变量数学时期。它以笛卡儿的解析几何的建立为起点（1637 年），接着是微积分的兴起。

在数学史上，引人注目的 17 世纪是一个开创性的世纪。这个世纪中发生了对于数学具有重大意义的三件大事。

首先是伽利略实验数学方法的出现，它表明了数学与自然科学的一种崭新的结合。其特点是在所研究的现象中，找出一些可以度量的因素，并把数学方法应用到这些量的变化规律中去。

具体可归结为：

（1）从所要研究的现象中，选择出若干个可以用数量表示出来的特点；

（2）提出一个假设，它包含所观察各量之间的数学关系式；

（3）从这个假设推导出某些能够实际验证的结果；

（4）进行实验观测—改变条件—再观测，并把观察结果尽可能地用数值表示出来；

（5）以实验结果来肯定或否定所提的假设；

（6）以肯定的假设为起点，提出新假设，再度使新假设接受检验。

笛卡尔——直角坐标系的创始人

伽利略的实验数学为科学研究开创了一种全新的局面。在它的影响下，17 世纪以后的许多物理学家同时又是数学家，而许多数学家也为物理学的发展做出了重要的贡献。

第二件大事是笛卡儿的重要著作《方法谈》及其附录《几何学》于 1637 年发表。它引入了运动着的一点的坐标的概念，引入了变量和函数的概念。由于有了直角坐标，平面曲线与二元方程之间建立起了联系，由此产生了一门用代数方法研究几何学的新学科——解析几何学。这是数学的一个转折点，也是变量数学发展的第一个决定性步骤。

在近代史上，笛卡儿以西欧资产阶级早期哲学家闻名于世，被誉为第一流的物理学家、近代生物学的奠基人和近代数学的开创者。他 1596

年3月21日生于法国图朗，成年后的经历大致可分两个阶段。第一阶段从1616年大学毕业至1628年去荷兰之前，为学习和探索时期。第二阶段从1628年到1649年，为新思想的发挥和总结时期，大部分时间是在荷兰度过的，这期间他完成了自己的所有著作。1650年2月11日，他病逝于瑞典。

牛顿

莱布尼茨

第三件大事是微积分学的建立，最重要的工作是由牛顿和莱布尼茨各自独立完成的。他们认识到微分和积分实际上是一对逆运算，从而给出了微积分学基本定理，即牛顿-莱布尼兹公式。到1700年，现在大学里学习的大部分微积分内容已经建立起来，其中还包括较高等的内容，例如变分法。第一本微积分课本出版于1696年，是洛比达写的。

但是在其后的相当一段时间里，微积分的基础还是不清楚的，并且很少被人注意，因为早期的研究者都被此学科的显著的可应用性所吸引了。

除了这三件大事外，笛沙格还在1639年发表的书中进行了射影几何的早期工作；帕斯卡于1649年制成了计算器；惠更斯于1657年发表了概率论这一学科中的第一篇论文。

17世纪的数学，发生了许多深刻的、明显的变革。在数学的活动范围方面，数学教育扩大了，从事数学工作的人迅速增加，数学著作在较广的范围内得到传播，而且建立了各种学会。在数学的传统方面，从形的研究转向了数的研究，代数占据了主导地位。在数学发展的趋势方面，开始了科学数学化的过程。最早出现的是力学的数学化，它以1687年牛顿写的《自然哲学的数学原理》为代表，从三大定律出发，用数学的逻辑推理将力学定律逐个地引申出来。

1705年纽可门制成了第一台可供实用的蒸汽机，1768年瓦特制成了近代蒸汽机，由此引起了英国的工业革命，以后遍及全欧。生产力迅速提高，从而促进了科学的繁荣。法国掀起的启蒙运动，让人们的思想得到进一步解放，为数学的发展创造了良好条件。

18世纪数学的各个学科，如三角学、解析几何学、微积分学、数论、方程论、概率论、微分方程和分析力学得到快速发展。同时还开创了若干新的领域，如保险统计科学、高等函数（指微分方程所定义的函数）、偏微分方程、微分几何等。

欧拉——最多产的大数学家

高斯——数学王子

这一时期主要的数学家有伯努利家族的几位成员、隶莫弗尔、泰勒、麦克劳林、欧拉、克雷罗、达朗贝尔、兰伯特、拉格朗日和蒙日等。他们中大多数的数学成就，就来自微积分在力学和天文学领域的应用。但是，达朗贝尔关于分析的基础不可取的认识，兰伯待在平行公设方面的工作，拉格朗日在微积分严谨化上做的努力以及卡诺的哲学思想向人们发出预告：几何学和代数学的解放即将来临，现在是深入考虑数学的基础的时候了。此外，开始出现专业化的数学家——像蒙日在几何学中那样。

18 世纪的数学表现出几个特点：（1）以微积分为基础，发展出宽广的数学领域，成为后来数学发展中的一个主流；（2）数学方法完成了从几何方法向解析方法的转变；（3）数学发展的动力除了来自物质生产之外，还来自物理学；（4）已经明确地把数学分为纯粹数学和应用数学。

19世纪20年代出现了一个伟大的数学成就，它就是把微积分的理论基础牢固地建立在极限的概念上。柯西于1821年在《分析教程》一书中，发展了可接受的极限理论，然后极其严格地定义了函数的连续性、导数和积分，强调了研究级数收敛性的必要，给出了正项级数的根式判别法和积分判别法。柯西的著作震动了当时的数学界，他的严谨推理激发了其他数学家努力摆脱形式运算和单凭直观的分析。今天的初等微积分课本中写得比较认真的内容，实质上是柯西的这些定义。

19世纪前期出版的重要数学著作还有高斯的《算术研究》（1801年，数论）；蒙日的《分析在几何学上的应用》（1809年，微分几何）；拉普拉斯的《分析概率论》（1812年），书中引入了著名的拉普拉斯变换；彭赛莱的《论图形的射影性质》（1822年）；斯坦纳的《几何形的相互依赖性的系统发展》（1832年）等。以高斯为代表的数论的新开拓，以彭赛莱、斯坦纳为代表的射影几何的复兴，都是引人瞩目的。

## 第三节　近代数学时期（1820 年至 1945 年）

近代数学时期是指由 19 世纪 20 年代至 20 世纪 40 年代中期，这一时期数学主要研究的是最一般的数量关系和空间形式，数和量仅仅是它的极特殊的情形，通常的一维、二维、三维空间的几何形象也仅仅是特殊情形。抽象代数、拓扑学、泛函分析是整个现代数学科学的主体部分。它们是大学数学专业的课程，非数学专业也要具备其中某些知识。变量数学时期新兴起的许多学科，蓬勃地向前发展，内容和方法也在不断地充实、扩大和深入。

18 与 19 世纪之交，数学已经达到丰沛茂密的境地，似乎数学的宝藏已经被挖掘殆尽，再没有多大的发展余地了。然而，这只是暴风雨前夕的宁静。19 世纪 20 年代，数学革命的狂飙终于来临了，数学开始了一连串本质的变化，从此数学又迈入了一个新的时期——现代数学时期。

19 世纪前半叶，数学上出现两项革命性的发现——非欧几何与不可交换代数。

大约在 1826 年，人们发现了与通常的欧几里得几何不同的，但也是正确的几何——非欧几何。这是由罗巴契夫斯基和黎曼首先提出的。非欧几何的出现，改变了人们认为欧氏几何唯一的存在是天经地义的观点。它的革命思想不仅为新几何学开辟了道路，而且是 20 世纪相对论产生的前奏和准备。

后来证明，非欧几何所导致的思想解放对现代数学和现代科学有着极为重要的意义，因为人类终于开始突破感官的局限而深入到自然的更深刻的本质。从这个意义上说，为确立和发展非欧几何贡献了一生的罗巴契夫斯基不愧为现代科学的先驱者。

黎曼——非欧几何的杰出代表

1854年，黎曼推广了空间的概念，开创了几何学一片更广阔的领域——黎曼几何学。非欧几何学的发现还促进了公理方法的深入探讨，研究可以作为基础的概念和原则，分析公理的完全性、相容性和独立性等问题。1899年，希尔伯特对此做了重大贡献。

在1843年，哈密顿发现了一种乘法交换律不成立的代数——四元数代数。不可交换代数的出现，改变了人们认为存在与一般的算术代数不同的代数是不可思议的观点。它的革命思想打开了近代代数的大门。

另一方面，随着对一元方程根式求解条件的探究，数学家引进了群的概念。19世纪20~30年代，阿贝尔和伽罗华开创了近世代数学的研究。近代代数是相对古典代数来说的。古典代数的内容是以讨论方程的解法为中心的。群论之后，多种代数系统（环、域、格、布尔代数、线性空间等）被建立。这时，代数学的研究对象扩大为向量、矩阵等，并渐渐转向代数系统结构本身的研究。

上述两大事件和它们引起的发展，被称为几何学的解放和代数学的解放。

伽罗华——群论的开拓者

19 世纪还发生了第三个有深远意义的数学事件：分析的算术化。1874 年维尔斯特拉斯提出了一个引人注目的例子，要求人们对分析基础做更深刻的理解。他提出了被称为“分析的算术化”的著名设想，即实数系本身最先应该严格化，然后分析的所有概念应该由此数系导出。他和后继者们使这个设想基本上得以实现，使今天的全部分析可以从表明实数系特征的一个公设集之中逻辑地推导出来。

现代数学家们的研究，远远超出了把实数系作为分析基础的设想。欧几里得几何通过其分析的解释，也可以放在实数系中；如果欧氏几何是相容的，则几何的多数分支是相容的。实数系（或某部分）可以用来解群代数的众多分支；可使大量的代数相容性依赖于实数系的相容性。事实上，可以说：如果实数系是相容的，则现存的全部数学也是相容的。

19 世纪后期，由于戴德金、康托尔和皮亚诺的工作，这些数学基础已经建立在更简单、更基础的自然数系之上，即他们证明了实数系（由此导出多种数学）能从确立自然数系的公设集中导出。20 世纪初期，证明了自然数可用集合论概念来定义，因而各种数学能以集合论为基础来讲述。

康托尔——集合论的开山鼻祖

拓扑学开始是几何学的一个分支，但是直到 20 世纪的第二个 1/4 世纪，它才得到了推广。拓扑学可以粗略地定义为对于连续性的数学研究。科学家们认识到：任何事物的集合，不管是点的集合、数的集合、代数实体的集合、函数的集合或非数学对象的集合，都能在某种意义上构成拓扑空间。拓扑学的概念和理论，已经成功地应用于电磁学和物理学的研究。

20 世纪有许多数学著作曾致力于仔细考察数学的逻辑基础和结构，这反过来导致公理学的产生，即对于公设集合及其性质的研究。许多数学概念经受了重大的变革和推广，并且像集合论、近世代数学和拓扑学这样深奥的基础学科也得到广泛发展。一般（或抽象）集合论导致的一些意义深远而困扰人们的悖论，迫切需要得到处理。逻辑本身作为在数学上以承认的前提去得出结论的工具，被认真地检查，从而产生了数理逻辑。逻辑与哲学的多种关系，导致数学哲学的各种不同学派的出现。

## 第四节 现代数学时期（1945年至今）

第二次世界大战结束后，即20世纪四五十年代，世界科学史上发生了三件惊天动地的大事，即原子能的利用、计算机的发明和空间技术的兴起。此外还出现了许多新的情况，促使数学发生急剧的变化。这些情况是：现代科学技术研究的对象，日益超出人类的感官范围，向高温、高压、高速、高强度、远距离、自动化发展。以长度单位为例，小到1尘（毫微微米，即$10^{-15}$米），大到100万秒差距（325.8万光年）。这些测量和研究都不能依赖于感官的直接经验，越来越多地要依靠理论计算的指导。其次是科学实验的规模空前扩大，一个大型的实验，要耗费大量的人力和物力。为了减少浪费和避免盲目性，迫切需要精确的理论分析和设计。再次是现代科学技术日益趋向定量化，各个科学技术领域，都需要使用数学工具。数学几乎渗透到所有的科学部门中去，从而形成了许多边缘数学学科，例如生物数学、生物统计学、数理生物学、数理语言学等等。

上述情况使得数学发展呈现出一些比较明显的特点，可以简单地归纳为三个方面：计算机科学的形成，应用数学出现众多新分支，纯粹数学有若干重大的突破。

1945年，第一台计算机诞生以后，由于计算机应用广泛、影响巨大，围绕它很自然要形成一门庞大的科学。粗略地说，计算机科学是对计算机体系、软件和某些特殊应用进行探索和理论研究的一门科学。计算数学可以归入计算机科学之中，但它也可以算是一门应用数学。

计算机的设计与制造的大部分工作，通常是计算机工程或电子工程的事。软件是指解题的程序、程序语言、编制程序的方法等。研究软件需要使用数理逻辑、代数、数理语言学、组合理论、图论、计算方法等很多的数学工具。目前计算机的应用已达数千种，还有不断增加的趋势。但只有某些特殊应用才归入计算机科学之中，例如机器翻译、人工智能、机器证明、图形识别、图像处理等。

冯·诺依曼——计算机创始人

应用数学和纯粹数学（或基础理论）从来就没有严格的界限。大体上说，纯粹数学是数学的这一部分，它暂时不考虑对其他知识领域或在生产实践上的直接应用，它间接地推动有关学科的发展或者在若干年后才发现其直接应用；而应用数学，可以说是纯粹数学与科学技术之间的桥梁。

20 世纪 40 年代以后，涌现出了大量新的应用数学科目，内容的丰富、应用的广泛、名目的繁多都是史无前例的。例如对策论、规划论、排队论、最优化方法、运筹学、信息论、控制论、系统分析、可靠性理论等。这些分支所研究的范围和互相间的关系很难划清，也有的因为用了很多概率统计的工具，又可以看作概率统计的新应用或新分支，还有的可以归入计算机科学之中，等等。

20世纪40年代以后，数学基础理论也有了飞速的发展，出现许多突破性的工作，解决了一些根本性质的问题。在这过程中引入了新的概念、新的方法，推动了整个数学前进。例如希尔伯特1900年在国际数学家大会上提出的尚待解决的23个问题中，有些问题得到了解决。20世纪60年代以来，还出现了如非标准分析、模糊数学、突变理论等新兴的数学分支。此外，近几十年来经典数学也获得了巨大进展，如概率论、数理统计、解析数论、微分几何、代数几何、微分方程、因数论、泛函分析、数理逻辑等等。

戴维·希尔伯特

当代数学的研究成果，有了几乎爆炸性的增长。刊载数学论文的杂志，在17世纪末以前，只有17种（最初的出于1665年）；18世纪有210种；19世纪有950种。20世纪的统计数字更为增长。在20世纪初，每年发表的数学论文不过1000篇；到1960年，美国《数学评论》发表的论文摘要是7824篇，到1973年为20410篇，1979年已达52812篇，文献呈指数式增长之势。光就论文的篇数，说明数学已经突飞猛进了。

今天，差不多每个国家都有自己的数学学会，而且许多国家还有致力于各种数学教育的团体，它们已经成为推动数学发展的重要因素之一。目前数学还有加速发展的趋势，这是过去任何一个时期所不能比拟的。

数学的三大特点——高度抽象性、应用广泛性、体系严谨性，更加明显地表露出来。现代数学虽然呈现出多姿多彩的局面，但是它的主要特点可以概括如下：

（1）数学的对象、内容在深度和广度上都有了很大的发展，分析学、代数学、几何学的思想、理论和方法都发生了惊人的变化，数学不断分化、不断综合的趋势都在加强。

（2）计算机进入数学领域，产生了巨大而深远的影响。这是一切科学进步的最根本原因。只有计算机才有可能使一切科学突飞猛进。

（3）数学渗透到几乎所有的科学领域，并且起着越来越大的作用。纯粹数学不断向纵深发展，数理逻辑和数学基础已经成为整个数学大厦基础。

以上简要地介绍了数学在古代、近代、现代四个大的发展时期的情况。如果把数学研究比喻为研究“飞鸟”，那么第一个时期主要研究飞鸟的几张相片（静止、常量），第二个时期主要研究飞鸟的几部电影（运动、变量），第三个时期主要研究飞鸟的特性视频（连续不断，完整的过程），第四个时期主要研究飞鸟、飞机、飞船等所具有的一般性质（抽象、集合）。

这是一个由简单到复杂、由具体到抽象、由低级向高级、由特殊到一般的发展过程。如果从几何学的范畴来看，那么欧氏几何学、解析几何学和非欧几何学就可以作为数学三大发展时期的有代表性的成果；而欧几里得、笛卡儿和罗巴契夫斯基更是可以作为数学三大发展时期的代表人物。

# 第三章　数学三次危机

导读：数学发展不是一帆风顺的，它也经历了浴火重生的阶段。一次次数学危机，又推动了数学向前的更大发展！我们特别佩服的是，一些数学家们为了真理，甚至不惜献出自己宝贵的生命。让我们向他们致敬！

## 第一节　第一次数学危机

数学知识由思维而获得，需要观察、直觉和日常经验。这样获得的数学知识是可靠的和准确的，而且可以应用于现实世界。在一定程度上，现代意义下的数学（即作为演绎系统的纯粹数学），来源于2000多年前的古希腊。

公元前5世纪数学基础发生了第一次危机，危机的起因是毕达哥拉斯学派的希帕斯证明了一个正方形的对角线和边的比是不可公约数，也即无理数；否定了毕派长期信奉一切现象都归结为正整数、正分数，使其地位受到挑战，甚至整个古希腊数学观受到极大的冲击。毕达哥拉斯学派的“万物皆数”，将宇宙万物全部归结为正整数和分数，正整数和分数构成了美妙无比的世界，这就是他们的天经地义的哲学，也是这个学派的精神支柱。

偏偏就是这个叫希帕斯的人触犯了这一信条。更要命的是，希帕斯还是毕达哥拉斯学派中的一员。这就有些祸起萧墙的性质。我们常说，城堡最容易从内部攻破。毕达哥拉斯学派的这个城堡面临着被从内部攻破的危险。

事情的起因是这样的。有一天，希帕斯发现，边长为1的正方形的对角线是一个奇怪的数。于是，希帕斯做了一番深入研究，终于得出结论，这个数既不能用整数表示，又不能用分数表示，而是一个新数。这正是它的奇怪之处。但希帕斯的这个结论跟毕达哥拉斯学派的信条相抵触；在毕达哥拉斯看来，那就是最危险的事情。他把自己的证明给老师毕达哥拉斯看，老师也没有发现他的错误在哪里。于是，毕达哥拉斯命令希帕斯不许将此事外传。但希帕斯并不愿意保密，将这一秘密透露了出去。毕达哥拉斯闻讯大怒，准备将希帕斯处死。希帕斯吓

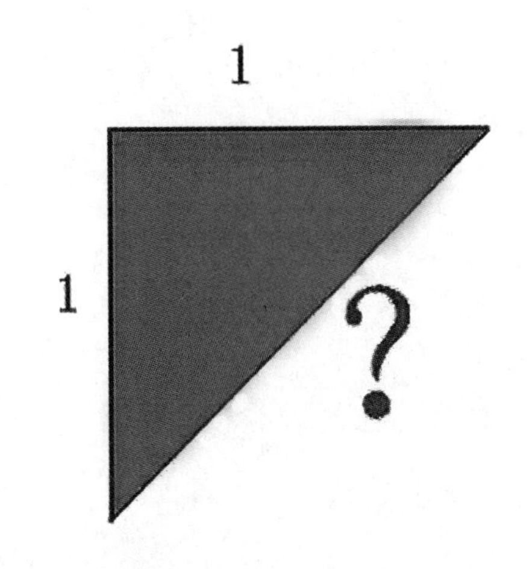

得连夜外逃，但还是被学派其他人抓回来并扔进了大海。一个活生生的生命就被喂了鱼，一个可怜的人就为科学的发展献出了宝贵的生命。

希帕斯发现的这类数字，就是今天我们所说的无理数。无理数的发现，导致了第一次数学危机。危机当然早已化解，但有人却用自己的生命做了祭奠。

第一次数学危机表明，几何学的某些真理与算术无关，几何量不能完全由整数及其比来表示。反之，数却可以由几何量表示出来。第一次数学危机使整数的尊崇地位受到挑战，公元前 500 年的古希腊数学观点受到极大冲击。于是，几何学开始在古希腊数学中占有特殊地位。这也进一步说明，直觉和经验有时不一定靠得住，而推理证明才是可靠的。

大概从那个时候开始，古希腊人开始从“自明的”公理出发，经过演绎推理，建立起了希腊式的几何学体系。这是人类数学思想上的一次革命，是第一次数学危机的自然产物。

第一次数学危机的发生和解决，使古希腊数学走上了完全不同的发展道路，形成了欧几里得《几何原本》的公理体系和亚里士多德的逻辑体系，为世界数学做出了杰出贡献。自此以后，古希腊人似乎走向了另一个极端，把几何看成是全部数学的基础，把对数字的沉思隶属于对图形的考察，割裂了它们之间的某种关系。这样做的最大不幸是放弃了对无理数本身的研究，使算术和代数的发展受到很大限制。

## 第二节　第二次数学危机

牛顿、莱布尼茨创立微积分以后，只重实际，拿来就用，至于它的逻辑基础问题，在当时既来不及解决，也无力解决。例如 1820 年以前，在微积分中占优势的是无穷小方法：导数是无穷小之比，积分是无穷小之和。至于什么是无穷小量，没有从逻辑上给出满意的解决，也没有一个公认的精确定义。牛顿、莱布尼茨两人都把增量 dx 看作无穷小，随着运算的进行，需要时便引进来，不需要时忽略不计，作为零。这尽管结果正确，但因没有逻辑基础，使人放心不下，微积分遇到如此严重的逻辑困难并遭到了猛烈抨击。

牛顿和莱布尼茨的主要功绩是，把各种有关问题的解法统一成微分法和积分法，提出了相对明确和简洁的计算步骤，而且还提出了微分过程和积分过程互为逆运算。由于运算的完整性和应用的广泛性，微积分成为当时解决问题的重要工具。

在微积分基本思想方面，关键问题是，无穷小量究竟是不是零？无穷小及其分析是否合理？这是人们提出最多的质疑。这一质疑在数学界，甚至在哲学界引起了广泛的争论，时间长达一个半世纪。数学的第二次危机就缘于此。“无穷小量究竟是不是零”是一个世纪难题。“说它是，或说它不是”都让人为难，它简直就是那个时代数学家拿在手里的鸡肋。

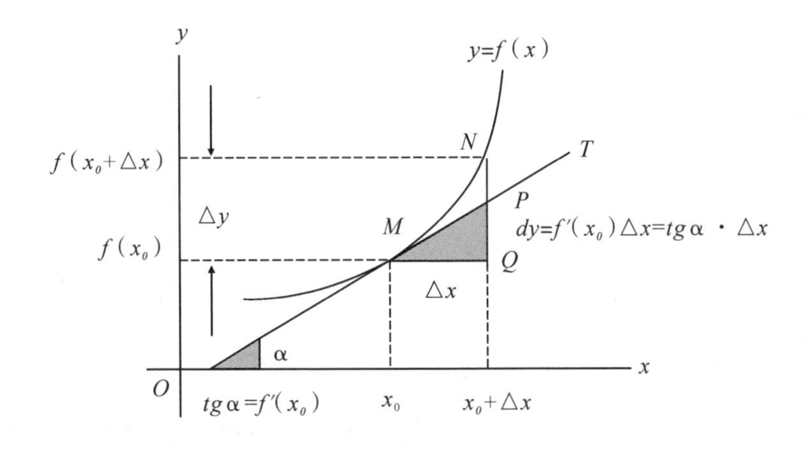


对这一难题，牛顿先后做过三种解释：1669 年，牛顿说它是一种常量；1671 年，又说它是一个趋于零的变量；1676 年，又用“两个正在消逝的量的最终比”定义了无穷小量。三次的说法都不一样，可见牛顿也始终处在矛盾之中。莱布尼茨曾试图用与无穷小量成比例的有限量的差分来代替无穷小量，但是他也没有找到从有限量过渡到无穷小量的桥梁。所以，1734 年，英国大主教贝克莱才写文章攻击流数（导数），说它“是消失了的量的鬼魂”。贝克莱是著名神学家，不过那时候的神学家多半都精通数学，他虽然也抓住了当时微积分、无穷小方法中一些模糊和不合逻辑的问题，但他对宗教的维护更加不遗余力。可他的批评是击中微积分逻辑缺陷要害的，他的批评激励着大批数学家关注、参加到微积分严格的基础研究上来。如法国的达朗贝尔、拉格朗日等对微积分基础概念的深入研究，促进了微积分的基础建设。后来微积分基础概念得到完善后，贝克莱不得不承认“流数术是一把万能的钥匙，借着它，近代数学打开了几何以至大自然的秘密”。

其他数学家也批判过微积分的不足，认为微积分缺乏必要的逻辑基础。他们认为，微积分是巧妙的谬论的汇集。所以，在微积分创立之初，由于自身的不完善，曾遭遇过众多不信任的目光。

18 世纪的数学思想的确是不严密的。为了直观的和形式上的计算而忽略了思想的牢靠性，主要表现在模糊的无穷小概念导致了导数微分和积分等概念的不清晰，还有与无穷小概念相对应的无穷大概念，还有发散级数求和的任意性等。

符号的不严格使用、不考虑连续性就进行微分、不考虑导数及积分的存在，以及不考虑函数是否能展开成幂级数等都是不可忽略的问题。

直到 19 世纪 20 年代，数学家才比较关注微积分的严格基础。从波尔查诺、阿贝尔、柯西、狄里赫利等人的工作开始，到维尔斯特拉斯、戴德金和康托尔的工作结束，经历了半个多世纪，基本上解决了这些问题，为数学分析奠定了一个严格的基础。

柯西

波尔查诺给出了连续性的正确定义。阿贝尔指出，要严格限制滥用级数展开及求和。1821 年，柯西在《代数分析教程》中从定义变量出发，认识到函数不一定都要有解析表达式。他抓住极限的概念，指出无穷小量和无穷大量都不是固定的量，而是变量；无穷小量是以零为极限的变量；并且定义了导数和积分。狄里赫利给出了函数的现代定义。在以上工作的基础上，维尔斯特拉斯消除了其中不确切的地方，给出了现在通用的极限定义、连续定义，并把导数、积分严格建立在极限的基础上。19 世纪 70 年代初，维尔斯特拉斯、戴德金、康托尔等人独立地建立了实数理论；在实数理论的基础上，又构建了极限论的基本定理，从而使数学分析建立在实数理论的严格基础之上。马克思在《数学手稿》中深入地研究了微积分的发展史，对微积分的本质进行了精湛的剖析；恩格斯也将其看作人类精神的最高胜利，最后微积分的严格化才克服了第二次数学危机。

维尔斯特拉斯

## 第三节　第三次数学危机

第三次数学危机产生于19世纪末20世纪初。当时正是数学空前兴旺发达的时期，首先是逻辑的数学化促使数理逻辑这门学科诞生。19世纪70年代康托尔创立的集合论是现代数学的基础，也是产生危机的直接来源。

众所周知，19世纪中叶以后，人们普遍认为，“数学这棵繁茂的大树已形整貌美”，数学已经达到了逻辑严谨的水平，它绝不需要也不可能更臻完善。如庞加莱在1900年的国际数学家大会上所宣称的，“数学已经被算术化了”“我们可以说，数学已经达到了绝对的严格”。

然而事实并非如此。1903年，英国哲学家罗素在《数学的原理》中正式提出一个悖论，1919年又给出一个通俗的“理发师悖论”说，某村所有刮胡子的人可以分为两类：一类是自己给自己刮胡子，另一类是自己不给自己刮胡子。村里有位理发师约定：“他给村子里所有不给自己刮胡子的人刮胡子。”先要问这个理发师属于哪类？如果说他属于自己给自己刮胡子的一类，则按其约定，他不能给自己刮胡子，因此他是不给自己刮胡子的人；若他自己不给自己刮胡子，因此他又是一个自己给自己刮胡子的人，两种说法都不妥。罗素集合悖论的出现，像一枚重磅炸弹，震撼了数学大地，打破了数学“绝对严格”的平静，世界一片哗然，自然数的算术也成了问题，这样一来，号称天衣无缝的绝对正确的数学大厦出现裂缝。它对数学家影响很大，如德国的弗雷格（G. F. L. Frege，1848—1925）刚要出版《算术基本原则》，由于他的理论涉及集合论，他在第二卷末感慨地说："对一个科学家来说，不会有碰到比这更难堪的事情了，即在工作完成之时，它的基础垮掉了。当这本书等待付印的时候，罗素先生的一封信就把我置于这种境地。"

罗素

德国的戴德金收回了他正欲出版的名著《什么是数和数应是什么》，希尔伯特在1925年的《论无限》一文中指出集合悖论"在数学中产生了灾难性作用"。所以说，罗素悖论诱发了第三次数学危机。从1900年至1930年左右，这场数学危机涉及数学的根本，必须对数学的哲学基础加以严格考察。换言之，数学推理在什么情况下有效，在什么条件下无效；数学命题在什么情况下更具有真理性，在什么情况下失灵。于是在克服危机、排除悖论的辩论中，数学基础论这一分科就诞生了。因对数学基础的观点不同，数学家形成了数学基础的三大学派：英国罗素为代表的逻辑主义、荷兰的布劳威尔为代表的直觉主义、德国希尔伯特为代表的形式主义。三大学派中有人主张抛弃集合论，更多人主张改造集合论，以克服第三次危机。

三大学派在争论中语言尖刻、势不两立，当时没有人对数学基础问题做出令人满意的解答。但他们把对这些问题的认识引向了空前的高度。

1908 年德国策梅罗提出公理化系统，1921—1923 年以色列的弗伦克尔等人又发展形成集合论中著名的 ZF 系统，即最早的公理集合论，亦即策梅罗-弗伦克尔系统简称。特别是 1930 年秋奥地利的哥德尔（K. Gode，1906—1978）在哥尼斯堡会议上宣布了第一个不完备性定理：一个包括初等数论的形式系统，如果是相容的，那就是不完全的。不久他又宣布：如果初等算术系统是相容的，则相容性在算术系统内不可证明。哥德尔不完备性定理的论文，在 1931 年发表之后，立即引起逻辑学家的莫大兴趣。虽然它开始使人们感到惊异不解，但不久即得到广泛承认，并且产生了巨大的影响。

哥德尔不完备性定理的证明，结束了关于数学基础的争论，数学基础的危机消弭了。数理逻辑形成了一个带有技巧性的独立学科，而绝大部分数学家仍然把自己的研究建立在康托尔朴素的集合论或 ZF 公理集合论的基础上，避免集合悖论，从而在一定程度上克服了第三次数学危机。令人高兴的是，三大学派对数学基础问题的深刻认识，

哥德尔

被纳入数理逻辑研究的范畴。数理逻辑也从此成为一个专门学科，并极大地推动了现代数理逻辑的发展。三大学派的观点也都吸取了对方长处，完善自己。当今数学家已不再划分为三派，而是形成统一的数学分支——数学基础，向人类思维深处求规律。

数学史上的三次“危机”，带来数学史上的三次伟大的转折、三次大的进展。因此，悖论给数学带来的并不是危机，而是推进科学发展的动力！悖论仅仅是人类在一定的历史阶段中认识上的局限性。人类认识世界的深化没有终结，旧的悖论解决了，新的悖论还将产生，它将永远激励着人们去努力，这是我们研究悖论的历史意义。再说，随着数学公理和假设的建立，以后还会暴露出新的矛盾，第三次数学危机表面解决了，但实质上更深刻地以其他形式延续着，除了将促使数学进一步发展外，也预示可能未来还有更多次危机在等待着。但我们相信，人们不会因此惶惶不可终日，未来的问题也一定能解决。

# 第四章　世纪难题

导读：在这里介绍世纪难题，主要目的是让更多的人知道跨世纪难题到底是什么。有没有年轻人对这些跨世纪的数学难题感兴趣，从而激发斗志去研究、去攻克呢？朋友们，你们有兴趣吗？

## 第一节　希尔伯特的23个问题

数学家戴维·希尔伯特在1900年8月8日于巴黎召开的第二届世界数学家大会上的著名演讲中提出了23个数学难题。希尔伯特问题在过去120年中激发数学家的智慧，指引数学前进的方向，其对数学发展的影响和推动是巨大的、无法估量的。

20世纪是数学迅猛发展的一个世纪。数学的许多重大难题得到了圆满解决，如费马大定理的证明、有限单群分类工作的完成等等，从而使数学的基本理论得到空前发展。

在 1900 年 8 月 8 日巴黎国际数学家代表大会上，希尔伯特发表了题为“数学问题”的著名讲演。他根据过去特别是 19 世纪数学研究的成果和发展趋势，提出了 23 个最重要的数学问题。这 23 个问题通称希尔伯特问题，后来成为许多数学家力图攻克的难关，对现代数学的研究和发展产生了深刻的影响，并起了积极的推动作用。希尔伯特问题有些现已得到圆满解决，有些至今仍未解决。他在讲演中所阐发的相信每个数学问题都可以解决的信念，对于数学工作者是一种巨大的鼓舞。希尔伯特的 23 个问题分属四大块：第 1 到第 6 个问题是数学基础问题，第 7 到第 12 个问题是数论问题，第 13 到第 18 个问题属于代数和几何问题，第 19 到第 23 个问题属于数学分析。

希尔伯特——跨世纪演讲

（1）康托尔的连续统基数问题。1874 年，康托尔猜测在可数集基数和实数集基数之间没有别的基数，即著名的连续统假设。1938 年，侨居美国的奥地利数理逻辑学家哥德尔证明连续统假设与 ZF 公理集合论系统的无矛盾性。1963 年，美国数学家科恩（P. Cohen）证明连续统假设与 ZF 公理彼此独立；因而，连续统假设不能用 ZF 公理加以证明。在这个意义下，其实问题已获解决。

（2）算术公理系统的无矛盾性。欧氏几何的无矛盾性可以归结为算术公理的无矛盾性。希尔伯特曾提出用形式主义计划的证明论方法加以证明，哥德尔 1931 年发表不完备性定理做出否定。根茨（G. Gentaen，1909—1945）1936 年使用超限归纳法证明了算术公理系统的无矛盾性。

（3）只根据合同公理证明等底等高的两个四面体有相等之体积是不可能的。问题的意思是：存在两个等高等底的四面体，它们不可能分解为有限个小四面体，使这两组四面体彼此全等。德恩（M. Dehn）在 1900 年已解决该问题。

（4）两点间直线距离最短的问题。满足此性质的几何意义很多，因而需要加以某些限制条件。1973 年，苏联数学家波格列洛夫（Pogleov）宣布，在对称距离情况下，问题获解决。

（5）拓扑学成为李群的条件（拓扑群）。这一个问题简称连续群的解析性，即是否每一个局部欧氏群都一定是李群。1952 年，由格里森（Gleason）、蒙哥马利（Montgomery）、齐宾（Zippin）共同解决。1953 年，日本的山迈英彦已得到完全肯定的结果。

（6）对数学起重要作用的物理学的公理化。1933 年，苏联数学家柯尔莫哥洛夫将概率论公理化。后来，在量子力学、量子场论方面取得成功。但对物理学各个分支能否全盘公理化，很多人有怀疑。

（7）某些数的超越性的证明。需证：如果 $\alpha$ 是代数数，$\beta$ 是无理数的代数数，那么 $\alpha\beta$ 一定是超越数或至少是无理数（例如，22、e、$\pi$）。苏联的盖尔封特（Gelfond）1929 年、德国的施奈德（Schneider）及西格尔（Siegel）1935 年分别独立地证明了其正确性。但超越数理论还远未完成。目前，确定所给的数是否为超越数，尚无统一的方法。

（8）素数分布问题，包含黎曼猜想、哥德巴赫猜想和孪生素数问题。素数是一个很古老的研究领域。希尔伯特在此提到黎曼（Riemann）猜想、哥德巴赫（Goldbach）猜想以及孪生素数问题。黎曼猜想至今未解决。

哥德巴赫猜想和孪生素数问题目前也未最终解决，对前者的研究之中，最佳结果当属中国数学家陈景润。

哥德巴赫

（9）一般互反律在任意数域中的证明。1921 年由日本的高木贞治、1927 年由德国的阿廷（E. Artin）各自给以基本解决。而类域理论至今还在发展之中。

（10）能否通过有限步骤来判定不定方程是否存在有理整数解。求出一个整数系数方程的整数根，称为丢番图（约 210—290，古希腊数学家）方程可解性。

1950 年前后，美国数学家戴维斯（Davis）、普特南（Putnan）、罗宾逊（Robinson）等取得关键性突破。1970 年，巴克尔（Baker）、费罗斯（Philos）对含两个未知数的方程取得肯定结论。1970 年。苏联数学家马蒂塞维奇最终证明：在一般情况下答案是否定的。尽管得出了否定的结果，但在其研究过程中却产生了一系列很有价值的副产品，其中不少和计算机科学有密切联系。

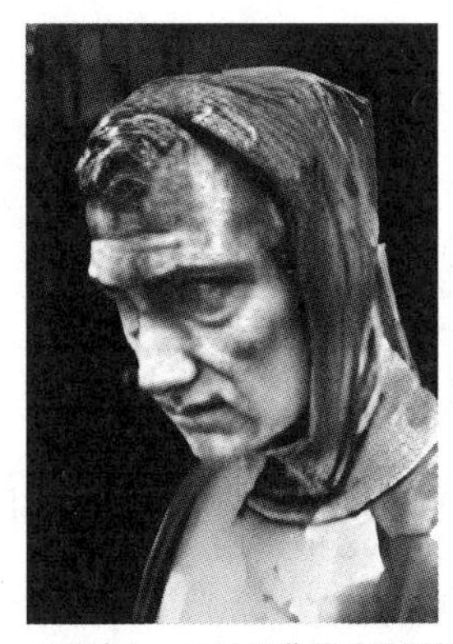

丢番图

“过路人，这里埋葬着丢番图的骨灰，下面的数字可以告诉你，他的一生有多长，他生命的1/6是愉快的童年，在他生命1/12，他的面颊上长了细细的胡须，如此，又过了一生的1/7，他结了婚，婚后五年，他获得了第一个孩子，感到很幸福，可是命运给这个孩子在世界上的光辉灿烂的生命，只有他父亲的一半，自从儿子死后，他在深切的悲痛中活了4年，也结束了尘世的生涯。”

（11）一般代数数域内的二次型论。德国数学家哈塞（Hasse）和西格尔（Siegel）在 20 世纪 20 年代获重要结果。20 世纪 60 年代，法国数学家魏依（A. Weil）取得了新进展。

（12）类域的构成问题。将阿贝尔域上的克罗内克定理推广到任意的代数有理域上去。此问题仅有一些零星结果，离彻底解决还很远。

（13）一般七次代数方程以二变量连续函数之组合求解的不可能性。七次方程 $x^7+ax^3+bx^2+cx+1=0$ 的根依赖于 3 个参数 $a$，$b$，$c$；$x=x(a, b, c)$。这一函数能否用两变量函数表示出来？此问题已接近解决。1957 年，苏联数学家阿诺尔德（Arnold）证明了任一在［0，1］上连续的实函数 f（x1，x2，x3）可写成形式 $\sum$ hi（ξi（x1，x2），x3）（i=1~9），这里 hi 和 ξi 为连续实函数。柯尔莫哥洛夫证明 f（x1，x2，x3）可写成

形式 ∑ hi（ξi1（x1）+ξi2（x2）+ξi3（x3）（i=1~7），这里 hi 和 ξi 为连续实函数，ξij 的选取可与 f 完全无关。1964 年，维土斯金（Vituskin）将这个问题推广到连续可微情形，对解析函数情形则未解决。

（14）某些完备函数系的有限的证明。域 K 上的以 x1，x2，…，xn 为自变量的多项式 fi（i=1，…，m），R 为 K［X1，…，Xm］上的有理函数 F（X1，…，Xm）构成的环，并且 F（f1，…，fm）∈K［x1，…，xm］，试问 R 是否可由有限个元素 F1，…，Fn 的多项式生成？这个与代数不变量问题有关的问题，日本数学家永田雅宜于 1959 年用漂亮的反例给出了否定的解决。

（15）建立代数几何学的基础。荷兰数学家范德瓦尔登在 1938 年至 1940 年之间、魏依在 1950 年已解决舒伯特（Schubert）计数演算的严格基础。一个典型的问题是：在三维空间中有四条直线，问有几条直线能和这四条直线都相交？舒伯特给出了一个直观的解法。希尔伯特要求将问题一般化，并给以严格基础。现在已有了一些可计算的方法，它和代数几何学有密切的关系。

（16）代数曲线和曲面的拓扑研究。此问题前半部涉及代数曲线的分支曲线的最大数目。后半部要求讨论在 dx/dy=Y/X 的极限环的最多个数 N（n）和相对位置，其中 X、Y 是 x、y 的 n 次多项式。对 n=2（即二次系统）的情况，1934 年福罗献尔得到 N（2）≥1；1952 年鲍廷得到 N（2）≥3；1955 年苏联的波德洛夫斯基宣布 N（2）≤3 这个曾震动一时的结果，由于其中的若干引理被否定而成疑问。关于相对位置，中国数学家董金柱、叶彦谦 1957 年证明了（E2）不超过两串。1957 年，中国数学家秦元勋和蒲富金具体给出了 n=2 的方程具有至少 3 个成串极限环的实例。

1978 年，中国的史松龄在秦元勋、华罗庚的指导下，与王明淑分别举出至少有 4 个极限环的具体例子。1983 年，秦元勋进一步证明了二次系统最多有 4 个极限环，并且是（1，3）结构，从而最终解决了二次微分方程的解的结构问题，并为研究希尔伯特第（16）问题提供了新的途径。

（17）半正定形式的平方和表示。实系数有理函数 f（x1，x2，…，xn）对任意数组（x1，x2，…，xn）都恒大于或等于 0，确定 f 是否都能写成有理函数的平方和？1927 年阿廷已肯定地解决。

（18）用全等多面体构造空间。德国数学家比贝尔巴赫（Bieberbach）于 1910 年、莱因哈特（Reinhart）于 1928 年做出部分解决。

（19）正则变分问题的解是否总是解析函数。德国数学家伯恩斯坦（Bernrtein，1929）和苏联数学家彼德罗夫斯基（1939）已将其解决。

$$B_n(f,\ x)=B_n(f)=\sum_{k=0}^{n} f\left(\frac{k}{n}\right)C_n^k x^k(1-x)^{n-k},\ (x\in[0,\ 1])$$

伯恩斯坦多项式

（20）研究一般边值问题。此问题进展迅速，已成为一个很大的数学分支。目前还在继续发展。

（21）具有给定奇点和单值群的 Fuchs 类的线性微分方程解的存在性证明。此问题属线性常微分方程的大范围理论。希尔伯特本人于 1905 年、勒尔（H. Rohrl）于 1957 年分别得出重要结果。1970 年法国数学家德利涅（Deligne）做出了出色贡献。

（22）用自守函数将解析函数单值化。此问题涉及艰深的黎曼曲面理论，1907 年克伯（P. Koebe）对一个变量情形已解决而使问题的研究获重要突破。其他方面尚未解决。

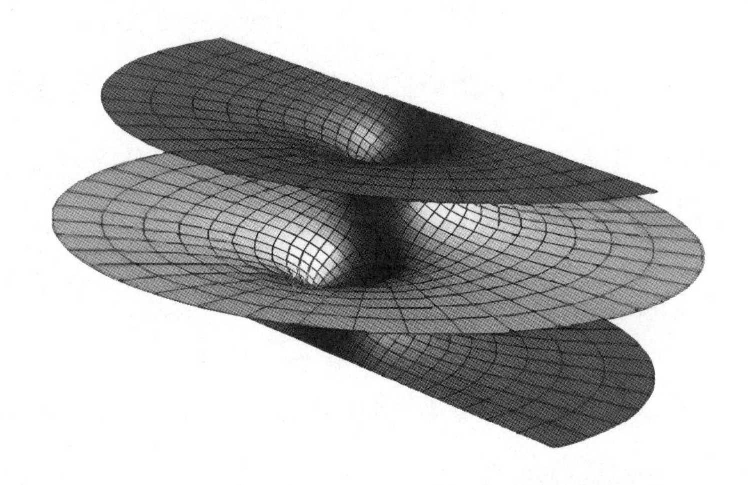

（23）发展变分学方法的研究。这不是一个明确的数学问题。20 世纪变分法有了很大发展。

## 第二节　世界七大数学难题

2000年初美国克雷数学研究所的科学顾问委员会选定了七个“千年大奖问题”，克雷数学研究所的董事会决定建立七百万美元的大奖基金，每个“千年大奖问题”的解决都可获得一百万美元的奖励。

克雷数学研究所“千年大奖问题”的选定，不是为了形成新世纪数学发展的新方向，而是为了集中讨论对数学发展具有中心意义、数学家们梦寐以求而期待解决的重大难题。

2000年5月24日，千年数学会议在著名的法兰西学院举行。会上，1997年菲尔兹奖获得者伽沃斯以“数学的重要性”为题做了演讲，其后，塔特和阿啼亚公布和介绍了这七个“千年大奖问题”。克雷数学研究所还邀请有关研究领域的专家对每一个问题进行了较详细的详述。克雷数学研究所对“千年大奖问题”的解决与获奖做了严格规定。每一个“千年大奖问题”获得解决并不能立即得奖。任何解决答案都必须在具有世界声誉的数学杂志上发表两年后且得到数学界的认可，才有可能由克雷数学研究所的科学顾问委员会审查决定是否值得获得一百万美元的大奖。

其中有一个已被解决（庞加莱猜想，于2002年由俄罗斯数学家格里戈里·佩雷尔曼破解），还剩六个。

“千年大奖问题”公布以来，在世界数学界产生了强烈反响。这些问题都是关于数学基本理论的，但这些问题的解决将对数学理论的发展和应用的深化产生巨大推动。认识和研究“千年大奖问题”已成为世界数学界的热点。不少国家的数学家正在组织联合攻关。“千年大奖问题”将会改变新世纪数学发展的历史进程。

## 世界七大数学难题之一：NP 完全问题

例：在一个周六的晚上，你参加了一个盛大的晚会。由于感到局促不安，你想知道这一大厅中是否有你已经认识的人。宴会的主人向你提议说，你一定认识那位正在甜点盘附近角落的女士罗丝。不费一秒钟，你就能向那里扫视，并且发现宴会的主人是正确的。然而，如果没有这样的暗示，你就必须环顾整个大厅，一个个地审视每一个人，看是否有你认识的人。

生成问题的一个解通常比验证一个给定的解，时间花费要多得多。这是这种一般现象的一个例子。与此类似的是，如果某人告诉你，数 13717421 可以写成两个较小的数的乘积，你可能不知道是否应该相信他，但是如果他告诉你它可以分解为 3607 乘上 3803，那么你就可以用一个袖珍计算器容易验证这是对的。

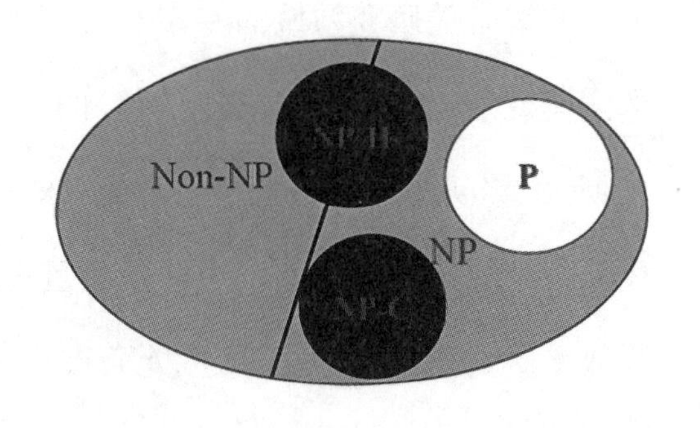

人们发现，所有的完全多项式非确定性问题，都可以转换为一类叫作满足性问题的逻辑运算问题。既然这类问题的所有可能答案，都可以在多项式时间内计算，人们于是就猜想，是否这类问题，存在一个确定性算法，可以在多项式时间内，直接算出或是搜寻出正确的答案呢？这就是著名的 NP = P？的猜想。不管我们编写程序是否灵巧，判定一个答案是可以很快利用内部知识来验证，还是没有这样的提示而需要花费大量时间来求解？这被看作逻辑和计算机科学中最突出的问题之一。它是斯蒂文·考克于 1971 年陈述的。

## 世界七大数学难题之二：霍奇猜想

20 世纪的数学家们发现了研究复杂对象的形状的强有力的办法。基本想法是在一定程度上，我们可以把给定对象的形状通过把维数不断增加的简单几何营造块黏合在一起来形成。这种技巧十分有用，并且它可以用许多不同的方式来推广；最终使数学家在对他们研究中所遇到的形形色色的对象进行分类时取得巨大的进展。不幸的是，在

霍奇

这一推广中，程序的几何出发点变得模糊起来。在某种意义上，必须加

上某些没有任何几何解释的部件。霍奇猜想断言，对于所谓射影代数簇这种特别完美的空间类型来说，称作霍奇闭链的部件实际上是称作代数闭链的几何部件的（有理线性）组合。

**世界七大数学难题之三：庞加莱猜想（已经被俄罗斯数学家格里戈里·佩雷尔曼解决了）**

如果我们伸缩围绕一个苹果表面的橡皮带，那么我们可以既不扯断它，也不让它离开表面，使它慢慢移动收缩为一个点。另一方面，如果我们想象同样的橡皮带以适当的方向被伸缩在一个轮胎面上，那么不扯断橡皮带或者轮胎面，是没有办法把它收缩到一点的。我们说，苹果表面是“单连通的”，而轮胎面不是。大约在一百年以前，庞加莱已经知道，二维球面本质上可由单连通性来刻画，他提出三维球面（四维空间中与原点有单位距离的点的全体）的对应问题。这个问题立即变得无比困难，从那时起，数学家们就在为此奋斗。

在2002年11月和2003年7月之间，俄罗斯数学家格里戈里·佩雷尔曼在arXiv. org发表了三篇论文预印本，并声称证明了庞加莱猜想。

在佩雷尔曼之后，先后有3组研究者发表论文补全佩雷尔曼给出的证明中缺少的细节。这包括密歇根大学的布鲁斯·克莱纳和约翰·洛特；哥伦比亚大学的约翰·摩根和麻省理工学院的田刚；以及理海大学的曹怀东和中山大学的朱熹平。

2006年8月，第25届国际数学家大会授予佩雷尔曼菲尔兹奖，但佩

俄罗斯数学家——格里戈里·佩雷尔曼

雷尔曼拒绝接受该奖。数学界最终确认佩雷尔曼的证明解决了庞加莱猜想。

2010 年 3 月 18 日，克雷数学研究所对外公布，俄罗斯数学家格里戈里·佩雷尔曼因为破解庞加莱猜想而荣膺千禧年大奖。但就是这一位数学神人，解决了这道难题，却放弃拿走 100 万美金。面对记者的提问，他回答的大致意思是：我对钱不感兴趣，只不过是解决了一道数学题而已，不喜欢被你们放到聚光灯下。

2006 年 6 月 3 日，曹怀东和朱熹平公开声称佩雷尔曼对于庞加莱猜想证明中有漏洞，而相关问题由他们补全，做出最终证明，并于《亚洲数学期刊》发表论文。据报道，丘成桐曾表示曹怀东和朱熹平第一个给出了庞加莱猜想的完全证明。

2006 年 8 月 28 日出版的《纽约客》杂志发表西尔维亚·娜莎和大

卫·格鲁伯的长文《流形的命运——传奇问题以及谁是破解者之争》。该文介绍了佩雷尔曼等人的工作并描画了“一个令人厌恶的丘成桐的形象”，暗示他为他的学生曹怀东和他支持的朱熹平的工作宣传了过多的功劳。因曹怀东与朱熹平的论文未经同行评审，丘成桐被质疑以期刊主编的身份，发表有利于他们研究团队的论文成果。此文发表后，引发了很大争议。丘成桐表示可能采取法律行动，由律师发出信函，要求杂志更正。包括汉密尔顿在内的多名数学家发表声明表示《纽约客》的文章没有正确地反映他们对丘成桐的评价！

一名加州理工学院的研究者指出曹、朱论文中引理 7.1.2 与克莱纳和洛特 2003 年发表的成果几乎完全相同。据此，洛特指责曹和朱两人有剽窃的行为。此后，曹怀东和朱熹平在原刊发表纠错声明，确认了此引理是克莱纳和洛特的成果，解释没有指明出处是由于编辑上的差错，并为此向两位原作者致歉。在 12 月发表的修正论文《庞加莱猜想与几何化猜想的汉密尔顿-佩雷尔曼证明》（*Hamilton - Perelman's Proof of the Poicare Conjecture and the geometrization Conjecture*）中，曹怀东与朱熹平不再宣称是由他们做出最终证明，他们的工作只是对汉密尔顿-佩雷尔曼证明做出详尽阐述。

## 世界七大数学难题之四：黎曼假设

有些数具有不能表示为两个更小的数的乘积的特殊性质，例如 2，3，5，7……这样的数称为素数；它们在纯数学及其应用中都起着重要作用。

在所有自然数中，这种素数的分布并不遵循任何有规则的模式。然而，德国数学家黎曼（1826—1866）观察到，素数的频率紧密相关于一个精心构造的所谓黎曼 zeta 函数 ζ（s）的性态。著名的黎曼假设断言，方程 ζ（s）= 0 的所有有意义的解都在一条直线上。这点已经对于开始的1,500,000,000 个解验证过。证明它对于每一个有意义的解都成立将为围绕素数分布的许多奥秘带来光明。

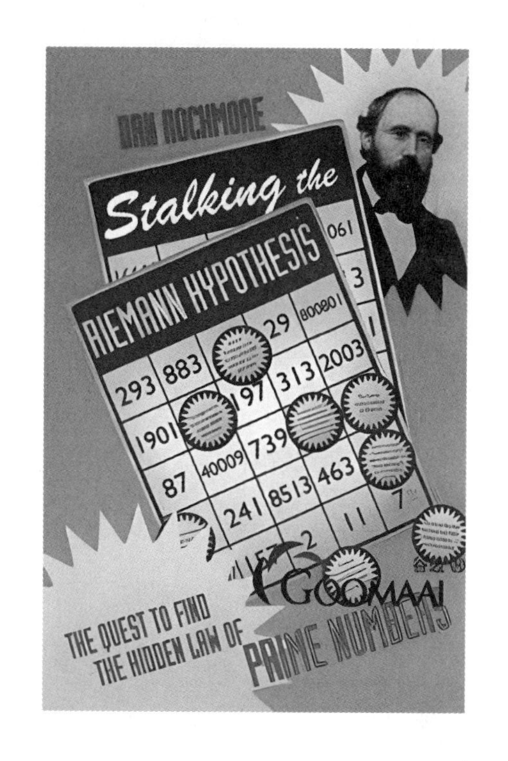


黎曼假设之否认：其实虽然因素数分布而起，但这个假设却是一个歧途，因为伪素数及素数的普遍公式告诉我们，素数与伪素数是由它们的变量集决定的。具体参见伪素数及素数词条。

## 世界七大数学难题之五：杨-米尔斯存在性和质量缺口

量子物理的定律是以经典力学的牛顿定律对宏观世界的方式对基本粒子世界成立的。大约半个世纪以前，杨振宁和米尔斯发现，量子物理揭示了在基本粒子物理与几何对象的数学之间的令人注目的关系。基于杨-米尔斯方程的预言已经在如下的全世界范围内的实验室中所履行的高能实验中得到证实：布罗克哈文、斯坦福和欧洲粒子物理研究所。尽管如此，他们的既描述重粒子又在数学上严格的方程并没有已知的解。特别是，被大多数物理学家所确认，并且在他们的对于“夸克”的不可见性的解释中应用的“质量缺口”假设，从来没有得到一个数学上令人满意的证实。在这一问题上的进展需要在物理上和数学上两方面引进根本上的新观念。

总之大家这样去理解，杨-米尔斯方程是一个很重要的方程，现在量子力学能够统一除引力之外的三种力，都有杨-米尔斯理论的帮助。尤其是后来发展起来的对称破缺、渐进自由、希格斯机制理论。

再者要知道，这个场方程是一个非线性波动方程。而关于杨-米尔斯规范场我们的了解其实不多，也不够形象和明确化。对于杨-米尔斯方程的解，更是很难的。

世界七大数学难题之——纳卫尔-斯托可方程

## 世界七大数学难题之六：纳卫尔-斯托可方程的存在性与光滑性

起伏的波浪跟随着我们的正在湖中蜿蜒穿梭的小船，湍急的气流跟随着我们的现代喷气式飞机的飞行。数学家和物理学家深信，无论是微风还是湍流，都可以通过理解纳维叶-斯托克斯方程的解，来对它们进行解释和预言。虽然这些方程是19世纪写下的，我们对它们的理解仍然极少。挑战在于对数学理论做出实质性的进展，使我们能解开隐藏在纳维叶-斯托克斯方程中的奥秘。

## 世界七大数学难题之七：贝赫和斯维讷通-戴尔（BSD）猜想

数学家总是对诸如 $x^2+y^2=z^2$ 那样的代数方程的所有整数解的刻画问题着迷。欧几里得曾经对这一方程给出完全的解答，但是对于更为复杂的方程，这就变得极为困难。事实上，正如马蒂塞维奇指出，希尔伯特第十问题是不可解的，即不存在一般的方法来确定这样的方程是否有一个整数解。当解是一个阿贝尔簇的点时，贝赫和斯维讷通-戴尔猜想认为，有理

贝赫和斯维讷通-戴尔猜想图册

点的群的大小与一个有关的蔡塔函数 z（s）在点 s=1 附近的性态有关。特别是，这个有趣的猜想认为，如果 z（1）等于0，那么存在无限多个有理点（解）。相反，如果 z（1）不等于0，那么只存在着有限多个这样的点。

# 参考文献


［1］［英］Tony Crilly 著，王悦 译，《你不可不知的50个数学知识》，人民邮电出版社，2023.

［2］徐品方 张红 宁锐 编著，《中学数学简史》，科学出版社，2007.

［3］［美］马克·C. 查-卡罗尔 著，罗文俊 译，《数学极客：探索数字、逻辑、计算之美》，机械工业出版社，2018.

［4］张红 主编，《数学简史》，科学出版社，2007.

［5］谈祥柏 著，《数学百草园》，湖北科学技术出版社，2013.

［6］［美］比尔·伯林霍夫［美］费尔南多·辜维亚 著，《这才是好读的数学史》，北京时代华文书局，2019.

［7］严文科 方静 主编，《有趣的数学文化》，云南教育出版社，2018.

［8］陈诗谷 葛孟曾 著，《科学家传记系列：大数学家》，中国青年出版社，2012.

［9］蔡天新 著，《数学简史》，中信出版社，2017.

［10］李毓佩 著，《趣味百科系列：数学大世界》，湖北少年儿童出版社，2013.

［11］杨天林 著，郭媛媛 审定，《数学的故事》，科学出版社，2018.

［12］［英］理查德·曼凯维奇 著，冯速 等 译，《数学的故事》海南出版社，2014.

［13］［俄］伊库纳契夫 著，小袋鼠工作室 编译，《数学的奥妙》，北京燕山出版社，2007.